海に学んだ青春経営

―有言即行の五十年―

加卜吉社長
加藤義和

財界研究所

◆ 加ト吉を創業した20歳のときから、毎年1月7日の誕生日にこんぴらさんを参拝

1958

（売上げ 5,793万円）

1957

（売上げ 5,060万円）

1956

（売上げ 2,500万円）

1961

（売上げ 1億6,319万円）

1960

（売上げ 1億4,806万円）

1959

（売上げ 7,234万円）

1964

（売上げ 5億5,763万円）

1963

（売上げ 3億2,670万円）

1962

（売上げ 1億7,283万円）

1965

（売上げ 5億8,109万円）

1966

（売上げ 9億241万円）

1967

（売上げ 11億円）

1968

（売上げ 16億円）

1969

（売上げ 21億円）

1970

（売上げ 32億円）

1971

（売上げ 56億円）

1972

（売上げ 78億円）

1973

（売上げ 122億円）

1976

（売上げ 334億円）

1975

観音寺市長就任

（売上げ 250億円）

1974

（売上げ 173億円）

1979

（売上げ 590億円）

1978

（売上げ 439億円）

1977

（売上げ 382億円）

1982

（売上げ 741億円）

1981

（売上げ 703億円）

1980

（売上げ 602億円）

1985

（売上げ 805億円）

1984

（売上げ 774億円）

1983

（売上げ 758億円）

1988

（売上げ 854億円）

1987

（売上げ 841億円）

1986

（売上げ 821億円）

1991

（売上げ 1,028億円）

1990

（売上げ 936億円）

1989

（売上げ 878億円）

1992

（売上げ 1,098億円）

1993

（売上げ 1,177億円）

1994

（売上げ 1,258億円）

1995

（売上げ 1,325億円）

1996

（売上げ 1,525億円）

1997

（売上げ 1,635億円）

1998

（売上げ 1,686億円）

1999

（売上げ 1,754億円）

2000

（売上げ 2,149億円）

2001

（売上げ 2,387億円）

2002

（売上げ 2,471億円）

2003

（売上げ 2,628億円）

2004

（売上げ 2,748億円）

2005

（売上げ 3,010億円）

（売上げ 3,395億円）

海に学んだ青春経営

有言即行の五十年

——目次

プロローグ

「七十歳の青春」を迎えて……………… 10

1章　七十歳の青春

――人生は学ぶことの連続だ――

七十歳になって思うこと……………… 14
その土地の観光資源を掘りおこす……………… 16
モノづくりは四国や海外を拠点に、マーケティングは東京拠点で……………… 20
学ぶことがチャレンジにつながる……………… 22

2章　頑張れば、ここまでやれる

――九歳で父が戦死し、働く母親の背中を見て育つ――

努力すれば道は必ず拓ける……………… 26
貴重な糧となった観音寺市長の経験……………… 34
人は環境によって変わる……………… 35

瀬戸内の海に教えられ、高度成長期のニーズに応えたエビフライ……38
「主食も冷凍食品で食べる時代」を見通して、冷凍うどんを発売……42
コメを制するものが、食品業界を制する……44
米飯事業はコメどころ・新潟を拠点にして——……48
「価格革命」を実行、実現するために、海外生産戦略をいち早く展開……52
二倍頑張れば、人生が二倍に広がる……54
「創造」が大事な時代、変化に合わせ社訓を変えた……60

3章　日本一の冷凍食品会社への道
——中小企業精神を大いに発揮して——

中小企業は人間の潜在能力を発揮させる……64
常に「現状以上」を目指す……70
欧米や中国など海外市場を相手にする時代を迎えて……73
香川県を本社にしつつ、マーケティング拠点は東京に……76
常に青春企業たれ！……78

4章　引っ越しのできない日中関係
——中国とのパートナーシップをいかに強くしていくか——

弘法大師の帰唐千二百年の今、考えること……80
中国にもフローズン・フーズタウンを……83
中国で第二の創業を……84
着々と進む、中国のフローズン・フーズタウン……86
現地法人との「人と人との強いつながり」……87
現地の雇用拡大にも貢献している中国事業……92
中国の各市、そして観音寺市から賞を授かる……95
中国現地に日本人学校を建設……98
日本の「男おしん」と呼ばれて……100
中国とは共存共栄する関係にある……104

5章　加ト吉の商品を世界の食卓に
——世界の人においしい魚を届ける——

創業直後から海外を意識……112

ベトナムで始まった海外事業……………116
エビの豊富なタイとインドネシアに合弁会社を設立……………121
中国での製造が低価格を可能にした……………124
衝撃を受けた欧米での経験……………125
当初の予定を変更し、最先端の機械化工場を設立……………127
脳裏に焼きついたアメリカのボウリング場……………129
中国の内陸部に住む人々に海の魚を届けたい……………130
欧米市場へも魚を供給……………134

6章　厳しいM&A時代を生き抜く
――人を大切にし、創造し続ける経営――

「連結の時代」を迎えて、わたしたちのM&Aの進め方……………138
事業提携やM&Aの具体的な成果……………141
地域振興のために手掛けた経営再建……………144
高齢化社会に備えた介護食……………147
「おいしい」味を求め続けて……………149

加ト吉独自の理念で形成されたフローズン・フーズタウン……152
仕事をまかせることで、責任感が生まれる……153
徹底した安全・衛生管理を実現……155
十の能力を出し惜しみする人物より、七の能力を出し切る人物を評価する……160

7章　健康、観光、信仰の「三コウ」で地域活性化を！

――大都市と地方の格差是正を目指して――

心を豊かにする産業の育成を……164
心の喜びや楽しみを追い求める時代にあって……165
自分たちの力で観光資源の掘りおこしを！……168
なぜ「ニューレオマワールド」は再生できたのか……170
専門業者にまかせて施設を運営……173
「人のため、世のため」という信仰心が地域の魅力を高める……175

8章　四期十六年、市長経験から学んだこと

――コスト意識を行政にも導入、創造力のある地方づくり――

政治と経済は相容れないものではなく、両立させるべきもの……182
JCでの活動が、政治家への道につながる……185
大平正芳元首相との出会い……187
後押しされて市議会議員に立候補……189
悩んだ末、市長に立候補……191
行政に民間の経営感覚を導入……195
役所特有の不経済な仕組みにメスを入れる……196
できることから、コスト削減に着手……199
市民の協力が大きな力に……202
オイルショックはまだ終わっていない……203
その場かぎりではなく、長い目で見て最善の選択をする……205
二十五年前に、市町村合併を提案……206
市民が協力することで、よりよい町に……208

9章　新しい日本づくり
——若者が元気になる前向きな国づくりを——

改革は景気の良いときにするもの……214
「二極化」の日本にどう立ち向かっていくか……219
地元民の思いが、地域振興を成功させる……221
四国の三位一体シミュレーション……223
金利を上げて、国民に還元すべき……225
四国四県と中国五県をひとつに……226
消費税アップは不可避だが、国民の生活を考慮したものにすべき……229
ゴルフ場を空港にすれば、利便性も向上する……231
新渡戸稲造博士と武士道の精神……233
努力は必ず報われる……237

エピローグ

瀬戸内の海から世界の海へ……240
受賞……246

プロローグ

「七十歳の青春」を迎えて

「人に始まり、人に終わる」――。企業経営はすべて、「人」で決まる。人の心や意識の持ち方、考え方によって、企業は良くなるし、家庭も良くなる。その人の心や意識は、環境によって変わる。そして、その環境は、リーダーやトップがつくる、というのが、わたしの主張である。

これまでもそうであったが、これからも、常に何かを学ぶという精神で、社会の仕組みを知り、新しい工夫を生み出し、自分たちの仕事の枠を広げていく。先輩に学び、知人・友人に学び、あるいは世の中のいろいろな人たちから学ぶ。そして知恵や工夫を蓄えていく。

一九三六年（昭和十一年）生まれの私は、二十歳のときに、海産物加工の加卜吉を興した。そして二〇〇六年（平成十八年）に創業五十周年を迎え、わたし自身は古稀（七十歳）を迎えた。

加卜吉の五十年の歴史の中で、伸びている人材はどういったタイプかというと、まず自分が今やっている仕事が好きな人である。そして、自分の前年の実績を少しでも上回ろうとチャレンジする人、それから一つの目標を達成したときに素直に喜び、感動する人である。

「売れて良かった」、「われわれが開発した新しい商品を消費者の皆さまに買っていただいた」と喜び、さらに工夫を積み重ねていく。こうやって仕事を自分のものにしていく人が本当に強いし頼もしい。

一九九〇年代、日本経済は〝失われた十年〟といわれ、長い間デフレに悩まされてきた。日本を代表する金融機関や大企業の中にも、従業員数を減らす、つまりリストラ策で合理化を進め、何とか水面上に浮かび上がろうと、もがき苦しむところも少なくなかった。

二〇〇五年（平成十七年）は増収増益の好決算をあげる大企業も出てきたが、その前提にはこうしたリストラ策があった。

しかし、われわれ加ト吉グループは、リストラで人を削る、ということはしない。これは、中堅・中小企業といわれるところでも同じことが言えると思う。中小企業は少人数でやってきたから、リストラはなかなかできないが、それは逆に言うと、人を鍛えるチャンスがそれだけあるということでもある。

このように、加ト吉は「人」を大切にし「人」の潜在能力（ポテンシャリティ）を引き出す経営に努めてきた。

加ト吉グループは一九五六年（昭和三十一年）の起業から、二〇〇六年（平成十八年）九月で満五十周年となる。香川県観音寺市を拠点に、日本全国に八工場・十二事業所、中国に十工場、タイ、インドネシアに三工場を持ち、グループ企業数は三十社、社員数は国内に約三千人、海外で約二万三千人を数えるまでになった。

そして二〇〇五年（平成十七年）三月期決算で、加ト吉グループは冷凍食品の連結売上高で千九百十五億円をあげ、冷凍食品業界でトップの座についた。

会社を興して五十年の歳月が流れた。わたしたちは時代の流れに対応して、新しい事業形態を生み出すとともに、消費者のニーズに合わせて新しい商品を次々と開発し、お客様に届けてきた。この五十年間の歩いてきた道を振り返るとき、実に感慨深いものがある。

わたし自身は、先に記したとおり、七十歳を迎えた。昔は、古来稀なりで古稀といわれたが、今の世の中ではまだまだ老けこむ年齢ではない。加ト吉グループ一丸となって、知恵を振りしぼって新しい事業や商品を創造し、大いに『七十歳の青春』を謳歌していくつもりである。

1章

七十歳の青春

―人生は学ぶことの連続だ―

七十歳になって思うこと

『七十歳の青春』――。わたしが今もなお、新しい気持ちで仕事に取り組んでいこうと思うのは、時代が大きく変わってきたからである。

加ト吉は、これまでも時代の変化に対応して、新しい仕事を創り出すべく努力してきた。

例えば、一九六三年（昭和三十八年）、業界に先駆けて冷凍「エビフライ」を発売したし、北海道の馬鈴薯を使ったコロッケ、香川県の名産品である「さぬきうどん」、新潟県魚沼産コシヒカリを使った冷凍米飯など、時代のニーズに合わせた商品を開発してきた。

そうした新しい商品を作り出すときに、時代の流れ、消費者の動向をつかもうと努力してきた。

では、そうした時代の変革の波は、どこから起き、どういったうねりをもって動こうとしているのか――。

まず、一番目には、モノから人の時代になってきた、ということである。日本は、まさに飽食の世の中になり、モノ余りが起きている。そこで、心の産業というものが求められるようになってきたのだと思う。

心を大事にするということで、わたしは「三コウ」を唱えている。「健康《ケンコウ》」、「観光《カンコウ》」、そして「信仰《シンコウ》」の〝三つのコウ〟である。

大都市と地方の経済的格差がいわれて久しい。地域を活性化する産業のない地方は、特に「三コウ」に力を入れていく必要があると思う。

まず、「健康」である。日本は、女性の平均寿命が八十五歳、男性のそれが七十八歳と世界一の長寿国になっている。こうした長寿時代だからこそ、高齢者が「健康」に暮らせる社会を考えないといけない。

「健康」という分野には、医療もあれば介護もある。そして食べるもの、健康食品などがある。そうした身近な、健康のための産業を、加ト吉はこれから力を入れて興していく。

それから、「観光」である。観光のために、他県から人が訪ねてくる。最近は海外からの観光客も多い。そこで、その観光地に、何日か滞在してもらえれば、それに対応して飲食などのサービス提供が必要になってくる。地元の産物も買ってもらえるし、若者の働く場所もできてくるなど、その地域のサービス産業が栄えていく。

日本は国全体が、観光にもっと力を入れるべきで、心の喜び、心の幸せ、心の感動にお金が支出される時代がきていると思う。食べる物や着る物が欲しい、というだけで購買意欲がそそられるという時代ではなくなった。今は、モノだけでなく、内面の充実にお金をつかう時代であり、人に感動を与える観光に力を入れていく必要があると思う。

日本は、モノづくり産業を中心に発展してきたが、今後、これまでと同じようなモノづくり産業だけでは、日本経済全体の高い伸びは、期待できない。サービス産業の代表である観光が、注目されるゆえんである。

いま、日本から海外へ出かける人は、年間約千七百万人（二〇〇四年度）であるのに対し、海外から日本を訪れる人は約六百七十三万人とはるかに少ない。

外国の人から見て、日本には魅力のある観光資源が少ないのかといえば、そうではない。自分たちの持っている観光資源にもっと触れてもらえるように、また、もっと見てもらえるように知恵を出し、工夫をしていく。そうすることで、その土地を訪ねてくる観光客も増えるのではないかと思う。

その土地の観光資源を掘りおこす

わたしの郷里、香川県を含む四国四県は、八十八カ所巡りで知られ、各地の札所を訪ねるために、毎年多くの人たちがお遍路さんとしてやってくる。弘法大師（空海）が開かれた八十八カ所は、多くの人々にとって癒しの場所であり、修行の場所でもある。

弘法大師がお生まれになった善通寺のほか、有名なお寺や古刹《こさつ》が、香川県をはじめ、四国には多い。

また、弘法大師は若いころ、唐（今の中国）に渡り（八〇四年）、都・長安（今の西安）で修行をし、帰国後、高野山を開き、真言宗を世に広められた。そうした功績のほか、長安で、うどんの製法をも学び取り、それを日本に持ち帰られた。

讃岐うどんは、弘法大師が伝えられた技法をもとに工夫が加えられ、今は、香川の名物として人々に親しまれているのである。

このように、八十八カ所巡り、讃岐うどんも、弘法大師に由来するものであるが、観光とも結びつき、地域の町おこしにもつながっている。

信仰も、町おこしにつながる地域の資産だと思うのである。

わたしが「三コウ」を言うのは、加卜吉を、そして自分のふるさとを良くするためにも、企業の繁栄を通じて社会に奉仕していくのだ、という考えで経営をしてきた実践体験があるからである。一九五六年（昭和三十一年）の会社設立から二〇〇六年（平成十八年）で、創業五十周年を迎えるが、この五十年の間、そういう考えを基本にしてやってきた。

企業が発展することは、その地域の発展につながる。それは、地域の雇用拡大にもなるし、取引先の利益増にもなる。そしてまた、それは取引先の雇用にもつながるし、得た利益は税金として納めることもできる。この税が、地域の人々の教育や福祉、そして基盤整備などに使われる。

地域に根ざす企業が成長し、発展していくことが、まず第一に大事だということになる。小泉内閣の下で、「三位一体」改革が叫ばれ、政府からの補助金、地方交付税の廃止・縮減がいわれ、併せて地方の独自財源づくりが推し進められようとしている。

とにかく、これからは、従来、国(政府)からもらっていた財源は細くなるばかりであり、地域の運営は地域で責任をもってやっていく、ということである。その地域の財源が厳しくなってきたら、教育も福祉も基盤整備も、しにくくなる。「三位一体」改革を実のあるものにするためにも、その地域に根ざす企業が発展することが意味をもってくるし、それが大事だということである。

わたしが観音寺市長を務めていたときは、市町村合併が果たせなかったが、香川県では、さぬき市のように、「平成の合併」の先駆けになるような合併が進んでいる。その結果、二〇〇六年(平成十八年)三月末までには、二〇〇二年(平成十四年)時点で、四十三あった市や町などの自治体が十七になった。

来るべき「三位一体改革」にそなえ、香川県知事の真鍋武紀氏の主導のもと、市や町へ権限移譲がなされ、地場産業の育成も進められている。

香川県は、加卜吉発祥の地からもわかるとおり、水産加工業、養殖業がさかんで、そのブランドも確立している。また、日照時間も長く、水さえあればいろいろな農作物を育てられるという自然の恵みや風土に加え、高い技術力を生かし、付加価値の高い農作物がつくれる土地柄でもある。

わたしたちは香川県の強みを生かし、他にはないものを育てようと、努力している。しかし、われわれの地域には、ハイテク企業がない。最近はネットビジネスが伸びているが、これは東京など大都市圏が中心である。

これまで地方経済は、繊維の縫製などの衣類や住宅関連とか、そうした産業にある程度支えられてきたが、こうした伝統的な産業が今は衰退してきている。人件費などのコストが低い海外で、安い賃金でつくられたものが、特に生活必需品産業を中心にどんどん日本国内に流入するようになったからである。モノづくりも、時代と共に移り変わっていく。

地方は、都市部と比べて衰退しているところが少なくない。地方の商店街も、シャッターを降ろしたままの、いわゆる「シャッター通り」が増えている。地方都市では、中心部がさびれ、郊外に大型店などがどんどんオープンしてきた。こうした市街地の中心部のさびれを解消すべく、『まちづくり三法』（改正都市計画法、中心市街地活性化法、大規模小売店舗立地法）の改正法案が平成十八年初めの通常国会に上程されて、審議が進められている。これには賛否両論が巻き起こっているが、いずれにせよ、地方振興の試みは始まったばかりである。

日本全体がそういう状況の中で、わたしは「三コウ」主義に基づく町おこし、ふるさとおこしを進め、日本全体で活況を取り戻そうと訴えたいのである。

モノづくりは四国や海外を拠点に、マーケティングは東京拠点で

わたしは、経営者としての五十年の道のりを、真面目に、そして誠実に歩いてきたつもりである。これからも、そうした生き方に徹していきたいと思う。

真面目に誠実な生き方をしていけば、みんなの信頼、信用が得られ、より良い協力者が得られる。信用の「信」は、「人」が「言う」と書く。誠実な生き方をしていれば、人が「あの人なら」ということで協力してくれる。

わたしは創業して五十年、香川県観音寺市を拠点に、そういう気持ちでやってきた。

わたしの場合、父親は早く亡くなったが、地域の人に支えられ、協力してもらい、会社を興して順調に発展させることができた。お世話になった人たちに、その恩返しをしていきたいし、その要望に応えなくてはいけない、と感じている。

その意味でも、冷凍食品の分野で日本一のグループ会社をつくろうと頑張ってきたし、事業を展開するうえで、わたしは生まれ育った四国・観音寺を拠点にやってきた。本社を東京に構えずとも、立派に事業を展開してこれたと思う。営業面では、東京支社を中心に行い、わたし自身も月に四、五回東京に来るというペースで会社全体の仕事をしてきた。

四国で生まれて、四国で育った企業だから、これからも本社は四国に置く考えである。ただし、創業五十周年を迎えた今、マーケティングは、東京を拠点にして、経営のグローバル化を進めていこうと考えている。

本社機能とモノづくりは四国、そして各地の産物がとれる拠点で製造を行う方針は、変わらない。だが、時代のニーズに合った営業戦略を立てる営業企画や、日本の将来を眺めた、ニーズに合った商品の開発は、東京でやっていく。それは、変化し続ける国際経済に迅速かつ機敏に対応していくためである。

自分の生まれ育った四国・観音寺を大切にし、地域社会に貢献しながら、新しい時代に合わせて、機動的かつ合理的な経営をしていかなければ、勝ち抜いていけない、というのが、わたしの判断である。

学ぶことがチャレンジにつながる

わたしは小さい頃から、周りの人たちに学び、それを自分の生き方に活かす、ということをやってきた。母に学び、祖父に学び、また周囲の人たちの意見に耳を傾け、自分の血肉にするよう努めてきた。

そして、瀬戸内の海から学んだことが、人生の原点になっている。

ふだんは海面も穏やかで、のどかな光景を見せてくれる瀬戸内の海も、荒れるときがある。

雨天であれば、獲れた小魚や小エビも干せないし、乾燥できない。時化《しけ》であれば漁にいけない。漁にしても、シーズン性がある。だから、仕事は不安定で、その不安定ということを前提に仕事をしなくてはならない。

明日がわからないというような瀬戸内の海に、わたしは多くのことを学んできた。

学ぶ心というのは、世の中が必要としているもの、世の中のニーズに常にチャレンジすることにつながっていく。社会のニーズ、時代のニーズをつかむのは、常に学ぶ――という姿勢から生まれてくる。

しかし、学び、知っていただけでは意味がない。それを活かし、実践しなければ、知らないのと同じだ。中国の陽明学に「知行合一《ちこうごういつ》」という言葉があるが、いいと思うことがあれば、行動に移すべきである。そのことの意味をかみしめたいと思う。

事業のソフト、ハード両面を含めて、よく学び、創造へ向かって挑戦していく。リスクや将来図を考察し、「いける」という結論が出れば、取り入れていく。多少のリスクもともなうが、成功したときのリターンは大きい。

たとえ失敗しても、失敗から得るものが必ずある。躊躇して、何もしないより、チャレンジすることが重要である。

テレビを見るときも、新聞を読むときも、「学ぶ」姿勢があれば、教えられることがたくさんある。わたしの寝室には、テレビが二台あるのだが、両方とも付けて、二つの情報を同時に収拾している。

仕事で国内のみならず、海外に出かける機会も多いが、そういうときは、できるだけ現地の飲食店めぐりをするようにしている。多いときは、夕食で居酒屋を三軒まわることもある。わたしは酒が飲めないので、飲みに行くのが目的ではない。店の人気メニューを注文し、消費者のニーズをつかむためである。加卜吉の商品と比較し、巷で人気の商品が、加卜吉から販売されていなければ、新商品として売り出すことも考える。「学ぶ」とは、いわば「真似る」ことである。自分ひとりで考えていても、考えは広がらない。他人の意見にも真摯に耳を傾けて、いい点があれば学び、真似ることが、前進し、成長していくためには必要といえる。

2章

頑張れば、ここまでやれる

―九歳で父が戦死し、働く母親の背中を見て育つ―

努力すれば道は必ず拓ける

今から六十一年前の一九四五年（昭和二十年）八月、戦争は終わった。この戦争で、約三百万人が亡くなり、日本は敗戦国となった。終戦を迎える半年前、一九四五年（昭和二十年）三月二十四日、わたしの父は沖縄の沖で戦死した。鹿児島から台湾に向かう途中、父が乗った輸送船が撃沈されたのだ。

わたしは九歳、弟の義清（現・加ト吉副社長）は四歳、妹・素子は一歳、母・キヨノは二十九歳であった。父は、わたしたち家族、そして、祖父と祖母の六人を残して、帰らぬ人となってしまったのだ。

文字どおり、国破れて山河ありという状況のなか、多くの国民は敗戦の痛手を受けながらも一所懸命に働いた。わたしの実家は、瀬戸内海で獲れるエビや煮干しの加工業をしていたのだが、祖父・吉次郎も、母・キヨノも、加藤家の大黒柱として懸命に働いた。

煮干しの加工は五月半ばから十月半ばがシーズンで、この時期一所懸命がんばって仕事をすれば、当時は食べていけた。だが、幼いこども三人を一人前に育てようと、母はシーズンオフも休むことなく働き続けた。十月は実家の農業を手伝い、それが終わると、姉のマキノが嫁いだ宇賀蒲鉾《かまぼこ》店で、次のシーズンが始まるまで働いた。

同業者が遊んでいるときも頑張って働けば、家庭は裕福になり、将来の備えもできる。女性が仕事をみつけるのも困難だった時代、母は懸命に働き、女手一つで三人のこどもを立派に育て上げた。わたしは、そんな母の後ろ姿を見て、働くことの尊さ、喜びを学んでいった。

ところが、県立観音寺商業高校（現・観音寺中央高校）への入学が決まった三月末、突然、祖父・吉次郎が脳卒中で倒れてしまった。煮干しの原料となるカタクチイワシは瀬戸内海で獲れるのだが、それを仕入れるには沖買いといって、舟を出さなければならない。小さな舟だが、舟を動かすには男手が必要だった。わたしが高校へ進学すれば、舟を動かす人間がいなくなってしまう。

「これ以上、母に負担をかけることはできない」

わたしは悩みに悩んだ末、長男として家業を継ぐべきだと決心した。高校進学も断念し、十五歳で家業を継いだ。

最終的な判断は自分で下した。

人生には、いくつかの岐路がある。そこでどんな選択をするかは、自ら決めなくてはならない。人間は弱いものだから、もし、人の意見を聞いて下した決断が失敗したら、それを人のせいにしてしまう。失敗を自分のものとし、次の経験に生かすためにも、責任の重みを実感するためにも、自分自身で決断を下すことが、なによりも大切なのだ。

シーズンオフも、わたしは誰にいわれるでもなく、自ら進んでかまぼこの行商を始めた。朝三時に起き、三時半には自転車に乗って、こんぴらさんのある琴平町へ向かった。伊予見峠を越え、片道二十五キロを自転車で走り、六時前には琴平町へ到着した。

しかし、行商を始めた当初は、大きな旅館を訪ねても、調理場にも入れてもらえない状況が続いた。すでに、他の業者が取引きしていたのだから、買ってもらえないのも当然である。だが、わたしはあきらめなかった。小さな旅館や八百屋に行って、荷物の積み降ろしを手伝ったり、うどん屋のどんぶり洗いを手伝うなど、商品ではなく、「加藤義和」を売り込むことで、少しずつ顧客を開拓していった。商売の手伝いをし、懇意にしてもらうことで、「ありがとう。明日から、かまぼこ十枚買ってあげるよ」となっていったのだ。

「努力すれば、道は必ず拓ける」。行商を通じ、わたしはそれを実感した。

行商を通じて手に入れたものは、お金だけではなかった。商売の厳しさと楽しさ、そして創意工夫の大切さを会得していったのだ。これはわたしの人生において、貴重な財産になっている。まさに、わたしの商いの原点が、こんぴらさんでの行商経験にあるといっても過言ではないだろう。

翌年も、海産物加工のシーズンが終わると、また行商を始めようと準備に入った。だが、今回は自転車ではなく、ホンダから発売された「カブ号」という自転車に赤いエンジンのついたバイクを使って行商することに決めていた。

学校の先生の月給が一万二、三千円だった時代。三万五千円のバイクは、決して安い買い物ではなかった。だが、バイクで行商をすれば、峠の坂道も楽に越えられるし、機動力が増せば売上げも伸ばせる。当時、わたしは月に一万五、六千円を稼いでいたから、バイクの元は二、三カ月でとれる計算だった。

バイクの注文を入れた晩、わたしは、ふと行商という商売について、改めて考えてみた。バイクで行商をすれば、一時間遅く家を出ることができる。行動範囲も広くなるので、自転車でやっていた去年より、売上げが伸びるのは確実だろう。だが、どんなに頑張っても、バイクに積める量だけの商売しかできない。

「天井のつかえている商売に未来はない」

わたしの出した結論はこうだった。小さな成功で満足するのではなく、高い目標をかかげることが重要だと感じたのだ。

「もっと良い商売はないか」

当時、観音寺には二十軒の海産物加工を営む業者がいたが、そのうち三軒は、シーズンオフになると、冬に獲れるエビ、カニ、シャコといった鮮魚を大阪の市場に送る商いをしていた。

「この仕事をすれば、フルシーズン仕事ができる」

翌日、わたしは自転車屋へ行き、バイクの注文を取り消すと、鮮魚の勉強をするため、大阪へ向かった。

夜十時に、高松発の関西汽船に乗り、大阪の天保山に着いたのは翌朝六時だった。地図を頼りに福島区にある中央卸売市場に到着すると、すでに競りは始まっていた。大きな市場に人と魚があふれ、威勢の良い声が飛び交っていた。観音寺の市場とは比べものにならない活気があった。わたしは、これから始める商売の可能性を感じ、胸が躍った。

しばらく市場の様子を見ていると、その仕組みがわかってきた。

荷受けが、地方から送られてきた大量の魚やエビの競りを行う。そして、その魚を仲介人が競り落とし、奈良や鶴橋、天満などから集まった地方問屋へ魚を売っていた。

わたしは、市場でエビを大量に買う中年の男性をみつけ、後を追って、

「観音寺でエビや煮干しの加工をしています。家業を継ぎ、行商を経て、鮮魚の問屋をやっています」とあいさつした。そして、「エビを一日五十貫出荷する、という契約をしませんか」と取引きを願い出た。

当時、観音寺では、エビ一貫（三・七キロ）が平均二百五十円で、大阪への輸送料五十円を加えると、三百円であった。例えば、大阪市場でエビ一貫三百五十円の値がついた場合、そこから荷受け手数料六％を引いて、約三百三十円が出荷元に支払われる。仲買は競り落とした三百五十円のエビに七、八％のマージンを上乗せして約三百八十円で地方問屋に売る。市場をとおすことで、上乗せされた五十円の値幅を、わたしと問屋で折半すれば、どちらも儲かることになるのだ。

中年の男性は、わたしの願い出た「エビを一日五十貫送る」という取引きを承諾してくれた。この条件の場合、大阪市場でエビが一貫三百五十円で売れた場合、先方から一万七千五百円を受け取ることになる。わたしが観音寺市場でエビを一貫二百五十円で競り落とせば、送料の五十円を加えても、二千五百円の利益が出るわけだ。

これは、今でいう「中抜き」である。わたしは、この「中抜き」を今から五十四年前に行っていた。運転資金さえあれば、荷受けや仲買を通しても利益を得ることはできる。しかし、わたしには、それだけのお金がなかった。ならば、みなと同じ方法でやっていては利益がでない。少ない資金で、多くの利益を上げるためには、少量の取引きでも高く売れる方法を考えなければならなかった。そこで、中抜きで利益を上げる方法を考えついたのだ。

こうして家業は着実に事業を拡大し、わたしは一九五六年(昭和三十一年)、二十歳で加ト吉を創業したのである。

わたしにとって、行商を始めたのが「第一のベンチャー」であるならば、中抜きを試みたことは「第二のベンチャー」であった。創業五十年を迎えても、このチャレンジ精神は、いまも変わらず加ト吉に根付いている。

左より妹・素子、弟・義清、母・キヨノ、そして私（1981年撮影）

貴重な糧となった観音寺市長の経験

わたしは、二十七歳のとき、観音寺の青年会議所に入会した。青年会議所では、リーダーシップトレーニング、社会貢献などについて勉強した。

だが、「いくら頑張ったところで、どれだけの社会貢献ができているのだろう」という疑問が生じた。青年会議所のメンバーはみな経営者であるから、「将来を考えるだけでなく、市議会議員に出馬して、政治に携わって社会貢献をしよう」ということになった。

では、誰を代表として、議員に立候補させるのか——。

家内の父が市議会議員で、かまぼこ屋を営む伯父も市議会議員だったこともあり、わたしは以前から選挙の手伝いをしていた。そのため、「加藤は選挙の経験があるのだから出馬せよ」という話になってしまったのだ。

本来ならば、票割れを恐れて家族は反対するところである。だが、家内も母も反対しなかった。特に家内は、「両家の板挟みになって、苦しんでいた。あなたが立候補すれば、わたしはあなたを応援できるから、板挟みにならずに済む」と言って、快諾してくれた。

こうして、わたしは三十一歳のとき、市議会議員となった。二期目では、三十七歳で市議会議長に選ばれ、当時、全国六百四十三の市議会で、最年少の議長にもなった。

実は、市議会議員は一期でやめ、事業に専念するつもりだったのだが、周囲の要望もあり、やめることができなかった。

そんな状況のなか、観音寺出身の故・大平正芳氏が「次期内閣総理大臣になるのでは」という期待が高まっていた。折しも、そのときは次期観音寺市長選の時期でもあり、「大平先生に通じる人物を市長にしなければならない。加藤君、市長選に出馬してくれ」ということになった。

市長を務めることとは、議員をすることとはワケが違う。責任の重さが違うのだ。だが、「自分が生まれ育った観音寺市を少しでも良くすることができるのであれば……」と考え、三十九歳で市長となった。

その後、四期十六年、市長として、郷土のために尽くしてこられたことは、わたしにとって貴重な経験となり、大切な糧となった。

人は環境によって変わる

わたしは、「人に始まり、人に終わる」という信念をもっている。幸せな家庭を築くのも、成長する企業を築くのも、繁盛する店を築くのも、すべてそこにいる人次第である。

つまり、そこにいる人の心や意識が、すべてを築いていく、と考えているのだ。

「経営は人なり」「企業は人なり」というが、人は環境によって変わる。だからこそ、その環境をつくる立場にいる人物、つまり、経営者、指導者、主人の責任は大きい。人が、自ら率先して頑張る環境をつくることが、トップの重要な責務といえる。

なぜ、このことを強調するのかというと、わたしは市長を経験していた十六年間、市長と社長の二束のわらじを履いた生活をして、環境によって人は変わる、ということを目の当たりにしてきたからである。市長と社長の生活は、あたかも、自由経済の西ドイツと社会主義の東ドイツを行き来しているようなものだった。

朝八時半までは、会社の打ち合わせなどをしていたので西ドイツにいて、市長の仕事をする八時半から夕方五時までは東ドイツにいる。そして、市長の仕事が終わると、また西ドイツに帰る、という具合だったのだ。

企業は競争を余儀なくされる。だが、役所は競争がなく倒産の心配のない予算主義の世界である。競争に勝たなくても、利益を上げなくても、予算が組まれ、配分されるからやっていける。すると、「予算さえ間違いなく使えばいい」となってしまうのだ。

役所は、高校を卒業すれば何等級何号棒、大学を卒業すれば何等級何号棒というように、昇給も昇進もすべて事前に決まっている。人の二倍、三倍頑張っても、年一号昇進するだけ。逆にそんなに頑張らなくても、年に一号は必ず昇進する。縦割り行政だから、隣りの部署がどんなに忙しくても、手伝わなくていい。役所とは、こういうところなのである。

しかし、日本は、自由経済国家であり、自由経済とは競争経済である。競争に負け続ければ、企業は存続することができない。だからこそ、企業は生き残るために、さまざまな知恵を出す。予算主義の役所は、叱られないこと、失敗しないことを最優先に考えてしまい、職員が知恵を出して頑張ろうと思えるような環境ではなかった。

ただ、誤解してほしくないのだが、わたしは役所のシステムがすべて悪いとは思っていない。役所は、税金を納めている住民の幸せを考えて事業をしなければならないし、それらの事業を平等に行わなければならない。住民から税金として徴収した金の使い道を、誤ってはいけないからである。しかし、役所に勤める人でも、コスト意識を持って業務をすることが重要だと思うのである。

十七年前の一九八九年（平成元年）、ベルリンの壁が崩壊したとき、わたしはベルリンに飛んだ。東西に分断されたドイツという国の現状を、自分の目で確かめたかったのである。ベルリンに着くと、わたしは、かつて東ドイツに属していた店舗や工場を見て回った。正直、「これらは使い物にならない」と思うものがほとんどだった。

西ドイツには、ベンツやBMWが走っているが、東ドイツには、トラバンドという六〇〇ccの車が走っている。車ひとつを比べてみても、同じ国民であるにもかかわらず、競争社会と社会主義社会という環境の違いによって、二十年も三十年も差がついてしまうのだ。

環境が変われば、これだけ人も変わるのだから、役所のシステムのもとで、改革やチャレンジ精神、コスト意識、経営・業務のスピードを望んでも、それはムリな話なのだ。ただ、今は財政が悪化しているため、以前とは状況も変わり、さまざまな改革が行われるようになってきた。わたしは市長時代、市町村の合併を提案したが、無下に却下された。それが今では、市町村の合併は進み、さらに道州制という方針さえ打ち出されている。これは望ましい流れだと思うのだが、もっと早く市町村の合併や改革に着手していれば、失われるものは、もっと少なくて済んだと思う。それを考えると、わたしは残念でならない。

瀬戸内の海に教えられ、高度成長期のニーズに応えたエビフライ

わたしは、「商売とはどういうものか」ということを、瀬戸内の海に教えられた。

今日は大漁だったとしても、明日はどれだけ獲れるかわからない。大漁のときは、魚は安くなる。そのときは、通常の二倍、三倍を仕入れて加工し、利益を上げた。逆に、小量しか獲れないときは、高くなる。そのときは、どんな加工をすれば、さらに付加価値を上げられるかを考えた。

漁獲量だけではない。商いは天候によっても、左右された。時化のときは、漁に出られないし、当時、海産物の加工は天日乾燥で行っていたから、雨が降れば、作業ができないのである。さらに、魚の獲れる時期にはシーズンもあった。

海産物加工業とは、かくも不安定な商売だったのである。だが、商売をするからには、どんなときにも改善策を模索し、リスクをカバーできる状況をつくっておかなければならない。そういったことを、一つひとつ積み重ねていくことが、相手の信頼を得ることにつながり、事業を拡大させることになる。わたしは、これらのことを瀬戸内の海から学んでいった。

一九六〇年（昭和三十五年）、池田内閣が誕生すると、「所得倍増計画」が実施された。一九六四年（昭和三十九年）には東京大阪間を結ぶ新幹線が開通し、東京オリンピックも開催された。日本は高度経済成長期に突入したのである。

オリンピックが開催されるということで、その二年ほど前から、白黒テレビが飛ぶように売れ、洗濯機や冷凍庫付冷蔵庫といった家電や車も、一家に一台という時代になった。東京や大阪、名古屋では人手不足が深刻になり、地方の中高生が集団就職するようになっていた。

その時期、水産加工業では何が起こっていたか――。

高度経済成長による人手不足で、学校給食や工場給食にたずさわる調理人が足りなくなっていた。工場では簡単に調理できる加工品を求めるようになっていたのである。加工食品なら、短時間に大量のまかないが可能なうえ、冷凍食品なら鮮度も保てる。賞味期限も長く、使い勝手もよかった。そこで、加ト吉は冷凍のエビフライや魚のフライを大量に生産した。これらの商品はニーズがあったゆえ、まさに飛ぶように売れていったのである。

所得が多くなるにつれ、外で食事をする機会も多くなり、外食産業も伸びていった。ファミリーレストランのようなチェーン展開をする外食店は、どの店でも同じ味を提供しなくてはならない。冷凍食品ならそれができるため、加ト吉の商品に対する需要は急激に増えていった。

だが、ここで、ひとつの問題が浮上した。前述のように、都心は慢性的な人手不足の状況である。加ト吉の商品を生産する人手を、どう確保するか、という問題である。

わたしはこれを、「地の利」を生かし、対応していった。

加卜吉のある観音寺市近辺は、農家や漁業者が多かった。だが、農業にも漁業にもシーズンオフがあり、一年を通して働くことができない。その一方で、日本が豊かになるにつれ、生活の質も上がり、大学進学率も上がるなど、お金が必要な世の中になっていた。農家の主婦は、「どこかで働いて、お金を稼ぎたい」と思い始めたわけである。それならば、主婦の人たちが集まりやすいところに生産工場をつくり、主婦の力を借りることで、生産量を増大させようと考えたのだ。

現在、香川県は、冷凍調理食品の生産高日本一の県になっている。加卜吉は、商品に対するニーズだけでなく、時代の変化、そして「働きたい」という人々のニーズに応えることで、生産拠点の拡充を図り、売上げを伸ばしていったのである。

世の中が変わるとき、そこには必ず新しいニーズが生まれる。わたしは、その変化をチャンスと捉え、「有言実行」のみならず、「有言即行」、つまりスピードを重視して事業化してきた。

とはいえ、ニーズをつかまなければ、事業は成功しない。そのためにも、何事に対しても、常に学ぶ姿勢をもつことが重要である。心から学ぶ姿勢があれば、ニーズはおのずと見えてくるものなのだ。

「実践躬行《じっせんきゅうこう》」という言葉がある。

実践とは行動すること。躬行の「躬」とは、自ら、という意味である。つまり、理念や観念だけでなく、実際に自分で行動することが重要なのである。

知っていても、実行に移さなければ、知らないも同然である。設備など、お金の必要となるハード面に関しては、もちろん調査を行うが、サービスなどソフト面のことであれば、いいと思ったことは即やるべきだ、とわたしは考えている。

「主食も冷凍食品で食べる時代」を見通して、冷凍うどんを発売

「ごはんや麺といった主食も、冷凍食品で食べる時代がくる」

これまで冷凍食品というと、おかずなど〝副食〟というイメージが強かったのだが、わたしは二十年ほど前から、「これからは主食も冷凍食品になる」と考えていた。

主食の冷凍食品化には、単身生活者、社会進出する女性の増大といった時代背景があった。単身者にとっては、自分が食べる分だけの食事を手軽に作ることができ、冷凍だから賞味期限も長く買いだめできる、といった利点がある。会社で働く女性にとっては、冷凍食品を利用すれば調理にかける手間が省ける、といった利点がある。時代の流れと

ともに、利便性がますます重視されるようになっていた。コンビニエンスストアやワンルームマンションが増加の一途をたどっていたのもこの時期である。

だが、わたしが主食の冷凍食品化に注目した理由は、他にもあった。

創業以来、加ト吉の主力商品であった、エビフライ、カキフライ、コロッケといった揚げ物の需要が、健康志向の高まりとともに、低くなってきたのである。

時代の流れ、加ト吉の将来を考え、わたしは主食の冷凍食品化の第一弾商品として、「本場さぬきうどん」シリーズを発売した。

讃岐うどんといえば、唐（中国）から帰国した弘法大師（空海）が日本に伝えられた食べ物であり、香川県の名産品である。降雨量の少ない香川県は、うどんの原料となる良質な小麦も取れる。讃岐うどんは、加ト吉の「地の利を生かす」経営からしても、まさにうってつけの商品だった。

「本場さぬきうどん」を発売した翌年の一九八八年（昭和六十三年）には、瀬戸大橋が開通し、四国への注目が高まっている時期でもあった。おいしい商品を作ることは基本だが、消費者にその味を認知してもらえなければ意味がない。わたしは、瀬戸大橋開通というチャンスを活かし、冷凍うどんの本格的な販売を展開した。

そして、冷凍うどんは現在、一日百四十万食、年間では五億食を生産し、シェア五

○％近くを占めるまで成長した。まさに、主食の冷凍食品化に成功したのである。

コメを制するものが、食品業界を制する

だが、日本人にとっての主食とは、やはりコメである。主食の冷凍食品化は、この米飯を抜きにしては語れない。

わたしは、今から十年前の一九九六年（平成八年）に『変革への挑戦』（プレジデント社刊）という本を出版した。わたしは、その本の中で次のように語っている。

「変化し続ける世の中で、二つの夢とロマンを掲げて進んでいこう」

その二つの夢とロマンとは、「コメ・米飯事業」の開拓と、「価格革命」の実現であった。

十年前、わたしたちはコメの商売ができなかった。コメの販売は、許可制だったのである。だが、一九八六年（昭和六十一年）から一九九四年（平成六年）にかけて行われたウルグアイラウンドの農業交渉で、日本はコメの輸入を余儀なくされた。そして、政府管理のもと、一〇〇％国内生産でまかなってきたコメの輸入を許可せざるを得なくなり、一九九五年（平成七年）、政府は新食糧法を制定し、コメの販売を許可制から登録制にしたのである。

加ト吉は、寿司ネタとなるエビ、タコ、イカだけでも、一日三百万尾ほど加工している。さらに、天ぷらやウナギは、丼ものにすればごはんがつくし、エビフライやコロッケも食べるときにはライスがつく。つまり、食材関連の商売をしていたら、そこには必ずごはんがついてくるのである。

わたしは、食糧法の改正をチャンスと捉え、米飯ビジネスへの進出を決意した。

ひと昔前は、「小麦粉を制するものが、食品業界を制する」と言われた。製粉ベースで約五千億円といわれる小麦粉市場が、パンや麺、菓子に加工されることで、三兆円以上の市場を創り出しているからである。しかし、わたしは、「これからは、コメを制するものが、食品業界を制する」と考えている。

加ト吉がコメ・米飯事業に参入した当時、農家のコメの出荷ベースは、二兆五千億円あった。以前は三兆円だったから、市場は縮小していく傾向にあった。

二兆五千億円のうち、一兆二千億円がレストランや弁当屋など、外食産業で消費されている。そして、残り一兆三千億円ほどが家庭で炊飯されて消費されている。加ト吉が主に扱うのは、後者の家庭用の領域になるが、この一兆三千億円が産業化されれば、三兆円市場になる。付加価値をつけた商品を提案すれば、米飯市場も小麦製品市場と同様、さらに拡大すると、わたしは見ているのである。

さらに、わたしは、二十年、三十年先の将来、ごはんは家で炊いて食べるものではなく、無菌包装米飯や冷凍米飯を買って食べる時代になると考えている。

こんなことを言ってはお叱りを受けるかもしれないし、「そんな馬鹿な」とおっしゃる方もいるだろう。しかし、家でごはんを炊くのは、大家族時代の話であり、核家族化が進む現在、コメをたくさん炊くことは少なくなっている。少量のコメを炊いても、おいしくは炊けない。たとえ、たくさん炊いたとしても、食べきれずに、数日に分けて食べることになる。これでは、ごはんの味は落ちる一方である。

冷凍米飯や無菌包装米飯は、一食ごとに個食包装され、保存されている。食べるときは、炊きたてのおいしい状態で食べることができるうえ、便利で手間もかからない。コメをとぐ必要もないし、コメを炊く時間もいらない。食べたいときに、食べることができる。値段も、一食百円程度で高くはない。

欧米はパンが主食であるが、今、自宅でパンを焼いている家庭は少ない。買うのではなく、パン屋で買う習慣が定着しているのだ。欧米でも、二、三十年前までは、家でパンを焼いていたという。日本も、おいしい冷凍米飯や無菌包装米飯の登場で、ごはんは外で買う、という時代がくるとわたしは考えている。

ペットボトルのお茶を買って飲むようになることを、誰が想像しただろうか。

お茶っ葉を買ってお茶を淹れれば、十円もかからない。だが、現在はペットボトルに入った百円のお茶を買う人が増えている。時代とは、こうも変わるものなのである。

今は、冷凍うどんや冷凍エビフライで有名な加ト吉だが、数十年後には、「ごはんの加ト吉」といわれる時代がくるだろう。

現在、加ト吉のコメの販売は三百十億円である。香川県年間のコメ生産高は百八十億円だから、それと比較しても、規模の大きさをご理解いただけるだろう。

一方、米飯については、電子レンジで二分温めるだけで、二百グラムのごはんができる無菌包装米飯を販売している。一パック百円、三パック二百九十円ほどの値段で、一日五十万食ほど売れている。冷凍では、ピラフやまいたけご飯といった商品を販売し、無菌包装の米飯と冷凍の米飯、両方合わせて百七十億円の売上げになっている。

特に、加ト吉全体の売上げの伸びをみても、二〇〇五年（平成十七年）もっとも伸びた商品のひとつは、無菌包装米飯だった。実に二桁増の伸びである。

現在、コメの売上げと米飯の売上げを合わせれば、四百八十億円にのぼる。バブル崩壊後に始めた、このコメ・米飯事業が、年間五百億円近くを売上げる、加ト吉の新たな収益源に育ったのである。

「コメを制するものが、食品業界を制する」時代になれば、「ごはんの加ト吉」として、加ト吉はさらに大きな企業となっていることだろう。

米飯事業はコメどころ・新潟を拠点にして——

加ト吉の米飯は、コメどころ・新潟県の魚沼を拠点にしている。

今から十二年前の一九九四年（平成六年）、新潟県長岡へ講演に行ったとき、そこで食べたごはんのおいしさに感銘を受けたことがきっかけである。「魚沼産のコシヒカリは、こんなにおいしいものなのか」と感動し、「こんなにおいしいのなら、米飯事業は新潟を拠点にしてやろう」と決めたのだ。

そして次の日、「米飯事業を行うのに、いい土地はないか」と探してみると、塩沢町の登川沿いに、町開発の工場用地が売りに出ていた。工場用地だけあって、関越自動車道の塩沢石打インターチェンジまで五キロという絶好の立地だった。

早速それを購入し、約一万坪の敷地に、日産約二十五万食の冷凍・無菌包装の米飯を生産できる新潟魚沼工場を設立した。その後、一九九五年（平成七年）十一月の新食糧法の施行にともない、コメの販売も開始し、精米から加工を一貫して行える体制も整えた。現在、工場には二つの精米機械があり、精米して五分で炊飯できるようになっている。

これは余談になるが、二〇〇四年（平成十六年）十月、新潟県中越地震が発生した。加ト吉は、米飯事業によって、新たな収益の柱を確立した。それを可能にしたのは、新潟県魚沼工場の存在だったといえる。その新潟県で、未曾有の地震が起きた。魚沼工場の被害はほとんどなかったが、被災地となった小千谷市のために何かできることはないかと考え、魚沼工場で製造した米飯と水を無償で提供した。

また、魚沼工場は、思わぬ副産物も生んだ。

十一年前の一九九五年（平成七年）六月、魚沼工場を訪れたときのことである。六月だというのに、まだ谷川岳には雪が残っていた。一緒にいた工場長に「あの雪山を見て、どう思うか？」と聞いてみた。

「きれいですね」

と答えたので、今度は「きれいなだけか」と聞いてみた。すると

「壮大で、すばらしいですね」

と返ってきた。さらに聞いても

「四国では見られない風景です」

としか返ってこなかった。

わたしは雪山を見て、瞬間的に「あの雪で商売ができるはずだ」と思った。雪が多いと

いうことは、地下に伏流水があるはずだからである。

わたしは、すぐに井戸を掘る手配をし、深度百《メートル》から水を採取した。調べてみると、水温は年間をとおして十から十五度、硬度は二十四の軟水だった。近くには、環境庁の「名水百選」に指定されている龍ヶ窪がある。また地下水は湖や川の水に比べ、土壌から得られたミネラル分が豊富に含まれている。軟水で味にくせもなく、料理はもちろん、飲料としても魅力的な水源だった。

天然水だから、原料はタダ。原料を貯蔵する倉庫もいらない。水源はすぐそこにあるのだから、運賃もいらない。必要なのは、水を入れるペットボトルだけだった。わたしは即座に、

「工場のなかに、五百《ミリリットル》と二《リットル》のミネラルウォーターの製造ラインを引け」

と指示を出した。

わたしは常々、「日本にはおいしい水があるのに、なぜ外国から輸入した水を買うのか」

と不思議に思っていた。

この問題意識があったからこそ、雪山を見て、それを事業にするアイディアを思い付いた。見方を変えれば、いたるところに商売の芽はある。わたしにとっては、目に映るものすべてが、事業の発想に結びつくのである。

加ト吉のコメ・米飯事業の拠点となる新潟県魚沼工場

「価格革命」を実行、実現するために、海外生産戦略をいち早く展開

「二つの夢とロマン」のもうひとつは、「価格革命」であった。

日本は物価の高い国といわれてきたが、これはある意味、当然のことである。なぜなら、日本と米国の工場勤務者の人件費はほぼ同じだが、日本より多くの資源を持つ米国と資源のない日本とでは、生産コストにおのずと差がついてしまう。国内で生産しているかぎり、グローバルな価格競争には不利というわけだ。

ところが、中国で生産すれば、一人当たりの工場勤務者の月給は、一万円あるいは一万二千円程度。インドネシアは一万円、タイは一万三千円である。十二、三年前までは、インドネシアやタイでエビを養殖し、そのエビを日本に持ってきて、フライなどに加工していた。だが、今はインドネシアやタイの養殖場の隣りに工場をつくって、現地で加工している。この場合、日本国内で加工するときの二十分の一から三十分の一の人件費で済むのである。

また、現地で加工すれば、養殖場で育てたエビを隣りの工場で加工するから、冷凍は一回で済む。ところが、日本で加工する場合は、原料のエビを冷凍して、さらにそれから加工するため、二回冷凍しなければならない。冷凍加工の回数は、少ないほうがおいしい商

品ができる。

現地で加工すれば、人件費が二十分の一から三十分の一。しかも、冷凍回数も一回で、おいしい商品ができる。ならば、日本ではなく海外で生産するのは当然のことである。

加ト吉は現在、中国に十の工場があり、そこでは合計二万人の従業員が働いている。そのうち二つの工場では、鶏を一日八万羽加工し、大口の販売先であるファーストフードチェーン・ケンタッキーフライドチキンに焼き鳥串を売っている。

別の工場では、北米のサケやマスのほか、世界で獲れた魚を集め、加工している。日本で加工すれば、どんなに頑張っても、一人一日、六十グラムのフライを二千個つくるのが限界だ。このフライ一個あたりのコストを計算すると、五円になる。ところが、中国でつくれば人件費が安いので、一個あたり三十銭のコストでできる。しかも、できあがった商品を香川から東京へトラックで運ぶのも、中国から東京へ四十フィートの冷凍コンテナで運ぶのも、運賃はほとんど変わらない。

日本は、この十年間で、食費や衣料品の価格が二〇％から三〇％近く下がった。これも、こうした内外価格差を利用し、海外で安くつくった商品を、国内で売ってきたからにほかならない。回転寿司で、一皿百円や二百円のおいしい寿司が食べられるのも、生産拠点のグローバル化によるものなのである。

加ト吉は創業間もない頃から、カクテルシュリンプをアメリカに輸出していたが、瀬戸内海の汚染によりエビの漁獲量が減少したため、早い時期から原料を海外に求めてきた。エビの輸入が解禁されたときも、その直後に現地工場を設立するなど、スピーディーな対応で、危機を乗り越えてきた。

内外価格差の是正についても危機感を抱いていたわたしは、早くから中国への進出を果たした。この危機意識があったからこそ、問題が顕在化する前に対応を図り、バブル崩壊後にもかかわらず、加ト吉を成長させることができたのだと考えている。

二倍頑張れば、人生が二倍に広がる

「企業は人なり」「経営は人なり」というとおり、企業が伸びるか否かは、そこにいる人にかかっている。そこにいる人とは、経営者と社員であるが、まず、社員においては、いい人材に入ってもらい、頑張って働いてもらうことが重要である。そして、経営者は、自分の仕事が好きでなければいけない。好きなことなら一所懸命取り組むからである。故・松下幸之助氏もこう述べている。

『成功する経営者と失敗する経営者との分かれ道は、経営が好きであるか好きでないかということに、第一の要素がある』（出展・松下幸之助著『社員心得帖』）

自分の仕事を好きになってこそ、創意工夫が生まれ、事業を成功に導くというのである。

「どうすれば、お客様に喜んでいただけるか」「どうすれば売上げが伸びるか」「どうすればコストを下げることができるか」「どうすれば利益が出るか」

自分の仕事が好きな経営者であれば、寝食を忘れてでもこれらのことを、考え続けるだろう。

わたしの経験上、いい社員が頑張って仕事をし、仕事の好きな社長がいれば、いつの時代でも、その会社は発展する。

では、いい社員に入ってもらうには、何が必要か——。

これは、社長の信頼と信用にかかっているといえるだろう。

「あの社長の会社なら、まだまだ伸びる」

こう思われる会社でなければならない。社会的信用と信頼が高ければ、いい人材は自然と集まってくるからである。いい社員が集まれば、あとは、その社員がいかに頑張って働ける環境を与えるか。これが重要である。

頑張って働ける環境とは、信賞必罰、つまり、頑張れば報われるし、やらなければ取り残される、ということをはっきりさせることである。

なぜ、このことを強調するのかというと、十六年間市長を務めたとき、どんなに頑張っても、年に一号しか昇格できなかったり、逆に、特に何もしなくても昇格していく、という姿を見てきたからである。

いくらきれいごとを言っても、どんな人にも、自我や欲というものは必ずある。その欲は、金銭の人もいるし、地位や名誉、役職の人もいる。ただ、わたしがいろいろな人に会って共通して感じる欲とは、「自分を認めてほしい」という欲であった。

これを会社という組織に置き換えて考えると、頑張って仕事をした人には、その結果として、昇給・昇格という形で明確にその努力をたたえ、表彰することが大切であると思う。

経営者にとって、社員に頑張って働いてもらうことは、何よりも重要な課題といえる。頑張って働いた人と、そうでない人の間では、大きな差が出るからである。

わたしは市長時代、職員に対して「八を九にできないか」と言ってきた。つまり、八時間で九時間分の仕事をできないか、と言ってきたわけである。役所は七時間半が就業時間だが、やる気がなければ、ほとんど仕事をしなくても済んでしまう。決算主義ではないから、市民が来れば対応するけれど、来ない場合は何もしない、という具合だったのである。

しかし、企業では、八時間で九時間分の仕事をする。一日一時間分多く仕事をすれば、年間では二百七十時間から二百八十時間の仕事を余分にこなしたことになる。一年で考えると、一・五カ月余分に働いたことになる。つまり、十二カ月の一年が、十三・五カ月分の労働時間に匹敵するのである。

この一時間の差は、具体的にどんな結果を生むのか。この意味を、理解していただくには、一時間のコストについて考えることが必要だろう。わたしは、これを「たばこ論」と言って、喫煙時間で説明している。

地域や年代によって違いがあるが、全国の公務員の平均年俸は七百二十万円である。一年間の勤務日数は、土日祭日を除いて二百二十五日ほどあるので、年間の勤務時間に換算すると、千八百時間ほどになり、時給にすると四千円になる。一分間当たりでは、六十六円の人件費だ。たばこを一本吸うと、約五分かかるので、五分かける六十六円で計算すると、三百三十円のコストがかかることになる。

これが民間企業になると、もっと高くなる。

例えば、四十歳代の営業マンの年俸を一千万円とする。民間では公務員より長時間働くので、年間二千五百時間は働いていると仮定して計算すると、こちらも時給四千円、一分間では六十六円の人件費になる。ただ、民間企業は給与以外に、設備投資や償却、税金、営業経費などが加わるため、人件費の二・五倍の利益を稼がなければならない。そうすると、一分間あたりの人件費は、百六十五円になるのである。

別の見方でも、コストについて考えてみよう。

一日は二十四時間あるが、男の場合、睡眠や食事など、生きる上で必要な時間を九時間とすれば、残りの十五時間は活動の時間として使えることになる。この十五時間に三百六十五日をかけると、年間の活動時間は五千四百七十五時間になる。

このうち、二千五百時間は仕事のための時間になるが、残り約三千時間は、自分の好きなことに使えるわけだ。自分はどうやって時間を使い、どんな人生を送るのか。年間約三千時間は、自分で自由に、人生のシナリオを書くことができるのである。

ストレス解消に年に二百時間パチンコをする人もいるだろうし、釣りのために二百時間使う人もいるだろう。あるいは、自己啓発のために三百時間勉強する人もいるだろうし、仕事が好きで、プライベートの五百時間を仕事に費やす人もいるだろう。

このように、二千五百時間かけて稼いだお金を、残りの約三千時間でどう使うかによって、人生は大きく変わってくる。稼いだお金をただ使うためにシナリオを書く人と、実りある将来のためにシナリオを書く人とでは、人生そのものが変わってくるのである。

わたしは、故郷が好きだったから、市長としてのシナリオを書くために、年間二千時間を費やした。そして、自分の会社を発展させるシナリオを二千時間かけて書いた。年間の活動時間は五千四百七十五時間だから、それでもまだ千四百七十五時間、ほかの事に使える時間が残っている。わたしは、この時間を市長と社長の仕事を充実させるために費やした。寝室に机を持ち込んで、右のひきだしには役所の資料、左のひきだしには会社の資料を入れて、一日の出来事を把握していたのである。

平日は、朝八時前に、本社から一人、グループ会社から一人、合計二人の社員が自宅に来ると、前日の決裁をし、その日の指示を出す。そして、八時半には役所に出勤した。

「二倍努力すれば、二倍の人生がある」

わたしは、こう思っている。わたしが市長と社長の二束のわらじを履くことができたのも、限られた時間を有効に使う努力をしたからにほかならない。時間のコストを意識し、無駄なく業務を遂行するにはどうすればいいか、必死に考えた。だから、二束のわらじを履いても、市長の仕事を全うできたし、社長として会社を成長させ、市長在任時に上場も果たすことができた。

二束のわらじ生活は、十六年にわたり、年間二千時間は市長として、二千時間は社長として働いた。

「そんなに働かなくても……」、と思う人もいるかもしれないが、市長の仕事も社長の仕事も、わたしはどちらも楽しくて仕方がなかった。楽しければ、疲れを感じることもなかったのである。

「創造」が大事な時代、変化に合わせ社訓を変えた

わたしは、自分自身の信条を後に加ト吉の社訓にしたのだが、その信条とは、わたしが進学するはずだった観音寺商業高校（現・観音寺中央高校）の校訓であった。

進学は断念したが、わたしは今でも観音寺商業高校には愛着を感じていて、野球部を甲子園に送る会の会長も務めたりもした。その野球部は、阪神大震災が起きた年の「夢と希望と復興」というテーマの選抜野球の甲子園で、初出場初優勝を果たした。その観音寺商業高校の校訓が、わたしの人生の信条であり、加ト吉の社訓となっている。

「誠実、努力、勇気、創造」

これが、その信条であり、社訓である。

何事も「誠実」に誠心誠意、まじめに取り組めば、多くの人から信頼と信用を得ることができる。この信頼と信用が、よりよい協力者を生むのである。人間、偉そうなことを言っても、一人では何もできない。周囲の協力があって、物事は成立する。そのために必要な「信」を得るためには、誠実さが大事なのである。

また、「努力」はいつの時代にも報われる。「天は自ら助くる者を助く」ものなのだ。

そして、何事も「勇気」を持って対処すれば、世の中は変わり、「創造」し、創意工夫の

知恵を出すことで、成果が上がるようになる。

経済が右肩上がりの時代は、この四つの信条に従い、まじめに努力すれば、誰もが発展できた。だが、今はグローバル社会で、ITによって瞬時に情報が入り、情報発信もできる時代となった。世の中のニーズも変化している。

社会が豊かになり、需要が飽和した社会の下では、まず知恵を出さなければ生き残れない。知恵があり、そして、それを実行に移す勇気が何よりも必要とされるのだ。そして、それがあったうえで、誠実に努力しなければいけない時代になった。

だから、わたしは、四つの言葉の順番を「誠実、努力、創造、勇気」から「創造、勇気、誠実、努力」に変えたのである。

わたしは戦争によって九歳で父を失い、十五歳の頃から、自ら進んで行商を始め、二十歳で会社を興した。そして、会社を設立した年から毎年、わたしの誕生日である一月七日にこんぴらさんをお参りし、写真を撮っている。その写真も、今年で五十一枚になった。創業五十年を迎え、加ト吉も年商三千六百億円を上げる企業となった。

この五十年の歩みを振り返ると、加ト吉をここまで成長させたのは、四つの大きなビジネスモデルであったといえる。

まず一つ目は、高度経済成長による人手不足のニーズに応えて、冷凍食品事業に力を入れたこと。二つ目は、「冷凍食品も主食で食べる時代になる」と、冷凍うどんの販売を始めたこと。三つ目は、米飯事業が許可制から登録制になり、米飯事業に参入したこと。そして、四つ目は、コストの安い海外で商品をつくり国内で安く売る「価格革命」を興したことである。こうして、時代の流れや変化に乗って、加ト吉は成長基盤を固めてきた。

明日がわからない瀬戸内の海を見て育ったわたしは、常に、ビジネスの柱となる事業を模索しながら進んできたのである。これからは、さらに、「ごはんの加ト吉」、「海外でつくり、海外で売る加ト吉」として、次の五年、十年を見据えている。

わたしは、高校にも進学しなかった。だが、そのわたしが今、年間三千六百億円（二〇〇七年度）を売上げ、百四十億円の利益を出す企業の社長となり、故郷の議員そして市長を務め、現在は観音寺商工会議所の会頭になっている。

自分の才能や能力については、自分がいちばんよく知っている。わたしは、何か特別なものを持っていたわけではない。ただ、頑張っただけである。ここまでやってこられたのも、「努力は必ず報われる」。そう信じてやってきたからだと思っている。

わたしにも、これだけのことができた。読者の方も、わたしの生き方から「頑張れば、ここまでやれる」ということを感じとっていただければ幸いである。

3章

日本一の冷凍食品会社への道

――中小企業精神を大いに発揮して――

中小企業は人間の潜在能力を発揮させる

『いわゆる事なかれ主義の傾向に陥り、その働きを十分にだしにくい大企業に比べ、中小企業のほうが十二分に人の能力を生かすことができる』（出典・松下幸之助著『経営百話』）

　松下電器産業の創業者・故松下幸之助氏は、このように述べている。わたしの興した会社・加ト吉も創業五十年を迎えた。この五十年を振り返り、わたしなりの経営哲学を振り返ってみても、やはり「偉大なる中小企業精神」という結論にたどり着く。つまり、大企業になっても、中小企業の精神をもって進むことが重要である、ということである。

　大企業は、資金的にも人的資源の面においても、中小企業とは比べものにならないほどのゆとりがある。だが、中小企業は、毎日が勝負の連続である。一つの事業が失敗すれば、会社が傾きかねない。常に次のビジネスを考えていなくては明日はない、という状況なのだ。

　だが、松下幸之助氏が語るとおり、中小企業が、人の持っている潜在能力を発揮させるのは、「何もしなければ、会社がつぶれてしまう」という危機感を、社員が持っているからだといえる。人間は環境によって変わる。これは前にも述べたとおりだが、人間、やらねばならない状況に追い込まれれば、それだけの能力を発揮するものなのだ。とかく、「中小企業は弱い」といわれるが、少ない社員で意思の疎通が十分に行われていれば、その結束力、実行力、スピードは、大企業もかなわない。

大企業が個々の力を七〇％しか生かすことができなくても、中小企業は一〇〇％、場合によっては一二〇％の力を引き出すことができるのだ。中小企業は、この強みを生かして事業をすべきだ、とわたしは考えている。

加ト吉の経営テーマ「ＧＳＲ」（グローバル、スピード、レヴォリューション）も、この大いなる中小企業精神がなければ、成り立たない。

今は、どの業界も競争がますます激しくなっている。その競争に飲み込まれ、消えていく会社も出てきている。しかし、時代に応じて事業の転換を図り、加ト吉はここまでやってきた。

生産コストを下げるために、中国に工場を設立し、国内においても、人件費の高い都会ではなく、勤勉に働く人がたくさんいる地方で商品を生産した。

また、コストを下げるだけでなく、いいものを提供するために、素材・原料のいい場所を生産拠点に選んだ。

例えば、冷凍コロッケをつくるにあたり、北海道産の馬鈴薯を求めて、北海道に生産工場を建設した。住友石炭鉱業最後の炭鉱が閉山するときで、通商産業省と北海道庁が炭鉱離職者を雇用するのならば特別な助成金を出す、ということでパン粉工場も併設させた。そして当時、最高の技術が集結するコロッケ工場となり、地元の雇用にも貢献した。

また、米飯事業を始めるために、日本一のコメどころ・新潟県南魚沼市に工場を建てた。エビフライはエビの養殖場もあり、エビの扱いに慣れている人の多いタイとインドネシアで生産した。そして、世界から集めてきた魚を加工するために、人件費を低く抑えられる中国に工場を設立した。

本社は四国だが、加ト吉はそれぞれの分野で、強さ、アドバンテージ（優位性）を持った土地を選び、生産拠点を広げてきた。だからこそ、生産拠点を広げても、各々の工場の生産性も売上げも、落ちていない。逆に、生産拠点を大幅に拡大させたこの十年間で、売上げを倍にすることができた。四国だけにこだわっていたら、熾烈な競争に負けていただろう。

時代の変化に応じ、原材料の強いところ、加工コストの安いところで商品をつくってきたからこそ、本社を四国に置きつつも、加ト吉は成長することができた。

「世の中は常に変わる」——。

これが、わたしの口癖である。この教訓は、瀬戸内の海が教えてくれた。天候が変われば、漁獲量も変わるし、取れる魚も変わる。状況が変わるのなら、ただ指をくわえて見ているだけでは、海という大自然に翻弄され、飲み込まれてしまう。会社も同様で、変化する社会に対応していかなければ、時代にとり残され、淘汰される運命にある。

二〇〇〇年（平成十二年）アメリカへ行ったときのことだが、現地の金融に詳しい人に、「アメリカの企業で、これから伸びるのは、どんな企業か」と聞いてみた。そのとき返ってきたのは、「インターネットで通信販売をやっている、アマゾンドットコムという会社」ということだった。

だが、六年前のアマゾンは、まだ赤字の本の通販会社で、わたしはなぜアマゾンが伸びるのか、そのときは理解できなかった。しかし、今は時価総額一兆円規模の会社となり、インターネット通販でも確固たる地位を築いている。

今は、株式の取引きから食料品の買い物まで、あらゆるものがネットで買える時代になった。数年前まで存在しなかった生活スタイルが、あっという間に登場し、そして浸透する。将来は、これがもっと拡大されて、ネットでの買い物が今よりもっと多くなるだろう。

時代は刻々と変わっていく。その変化にチャレンジしていくことが重要である、とわたしは考えている。これからはスピード感のある経営をするためにも、「大いなる中小企業精神」が今にも増して必要になってくるだろう。五十年の経営の軌跡をたどっても、これからの加ト吉の将来を考えても、わたしの結論は、やはりここに行き着くのである。

1956年に創業した加ト吉水産（現・加ト吉）。当時の面影のまま、今も建物を残している

常に「現状以上」を目指す

わたしは、常に今できる以上のことをやろうと心掛けている。コスト意識を持ち、時間を有効に使おうとするのも、そのためである。

人によっては、電車で往復三時間かけて通勤している人もいるが、わたしは家の前が会社だから、通勤時間は往復五分で済む。この三時間と五分の違いは、大きなコストの違いになる。

東京に出張することも多いため、移動時間も長いのだが、その間も車内で仕事をしている。高松空港から家までは約一時間かかるのだが、車にはファクスも付いていて、会社にいるのと同じように仕事ができるようになっている。

いまはＩＴを活用すれば、瞬時に情報のやりとりができる時代である。わたしも出張先の写真や仕事の資料などを携帯電話に保存して、いつでも見られるようにもしている。今は技術の進歩で、距離も場所も気にせず仕事ができるようになった。仕事量に換算しても、五倍は多くの仕事ができるようになっただろう。経営者として、非常に喜ばしいことである。

加ト吉は、一九九七年（平成九年）から、本格的なＩＴの導入を図ってきた。「多地点間テレビ会議システム」の運用を開始し、出席者が数カ所に点在しつつも、お互いの表情を確認し合いながら会議ができる、というシステムである。通信回線の設備も整えることで、このテレビ会議システムは、意志決定のスピードアップや移動時間、経費などのコスト削減にも貢献した。

国内や海外の工場や支社も、すべてインターネットによってつながり、生産日報や営業報告など、すべての工場のデータを本社で確認できるようになっている。まさに、国境も、距離も関係のない時代なのだ。

もちろん、現場は現場で重要である。

工場や加ト吉グループのホテルや旅館などに足を運んでは、担当者と話をして、現状を把握するよう努めている。そこで会話をしていくうちに、問題点が見えてくるし、従業員とのコミュニケーションも図ることができ、会社の一体感が生まれてくる。そうして気付いた点は、会社の経営にも反映させている。

わたしは、社員がいかに気持ちのよい環境で仕事をできるか、ということも、重要な課題だと考えている。

例えば、香川県にあるフローズン・フーズタウンの工場で勤める社員は、「地元で長い間仕事ができて幸せだ。東京では物価も家賃も高く、今のような生活はできない」、と言っている。

代々受け継いだ土地があり、その土地を守るためにも、地元で働きたいと思っている人はたくさんいる。

加卜吉グループの社員の中にも、土曜・日曜は農業をして、稲作などの農作業に精を出している者もいる。地元なので家から会社も近く、人によっては、車で通えば通勤時間は十分ほどで、時間が有効に使えると喜ばれている。

東京の大学へ進学し、そのまま東京で就職する若者も増えている。地方には、若者の働く場が十分ないという事情もあるが、地方の今後を考えると、やはり若者の存在は大きいし、大切である。二十一世紀に入って数年たった今、東京や名古屋などの大都市では、人手不足になり、製造業の拠点づくりとして今一度、地方の存在がクローズアップされてきた。団塊の世代が定年退職を迎えている今、そうした世代の取り込みも、各地で激しくなっている。

こういう状況の中、若者に働く場を提供することも、若者が働きやすい環境をつくるのも、経営者の重要な責務といえる。

地方に戻って働きたいという若者のために、その環境を整えていきたいとわたしは考えている。

欧米や中国など海外市場を相手にする時代を迎えて

健康にいいということで、いま魚や寿司が、欧州や米国でも人気を呼んでいる。品質がよくて、体にもいい食品は国境を越えて世界中に広がっていく。わたしたちの商品も、日本市場だけで販売する時代から、欧州、米国、中国と世界市場を相手にする時代を迎えている。

加ト吉グループの扱う商品は、エビ、イカ、アナゴなど、天ぷらの食材や寿司ネタが中心で、北洋の海産物には弱かったのだが、二〇〇五年（平成十七年）、新たに北洋産のサケ、マスの扱いでトップクラスの規模を誇る新日本グローバル（本社東京都中央区）が、加ト吉グループの一員に加わった。

新日本グローバルは、中国・大連に工場を持ち、サケ・マスの加工をし、一部を欧州へ輸出している。今後は、新日本グローバルが持つ販売ルートに乗せて、加ト吉グループの商品も欧州で販売していく。

日本国内のマーケットは、人口一億二千万人をピークに、少子高齢化に向かっている。現状でも、すでに六十五歳以上の人口が、全体の二十数%を占めるようになっている。胃袋の量は、減少する一方なのだ。

その上、今の日本は、モノ余りの状態といえる。生活必需品は、安く手に入れられるようになった。だからこそ、日本国内で、薄利多売の熾烈な競争をするのではなく、海外に活路を見出すことが、企業を拡大し、存続させるためにも必須のことといえる。

日本では、一万円のカバンが売れているかと思えば、ルイヴィトンの十八万円のカバンが売れていたりもする。どちらがいい、悪い、という問題ではなく、現実として、このような消費の傾向が出てきている。

価格が高くても、消費者が価値を見出せば、商品は売れる。消費者は賢くなり、安いもの、高いものを使い分けて、買い物をするようになっている。価格競争に巻き込まれないためにも、メーカーは、この細分化されたニーズに対応しなければならない。

アメリカは、すでに中産階級が崩壊している。日本もいずれ同じような状況になるだろう。

かつて、日本の八割の家庭が中産階級であった。今の物価で計算したら、年収四百万円から一千万円の家庭が八割だったのだ。最近は、この状況に変化が生じてきた。

例えば、小売業の売場面積は、以前に比べて三〇%ほど増えている。しかし、以前を一〇〇%としてみると、売上げが九〇%程度に縮小している。つまり、店の規模は大きくなったが、売上げは減っているわけだ。

外食産業も同様で、客席の規模は広がっているが、総売上額は、二十八兆円から二十五兆円と減少している。

給与面をみてみると、店長や一部の人間は、中産階級の給与をもらっている。だが、それ以外の大半の従業員は、時給七、八百円、高くても自給千円で働いている。時給八百円の人が、二千時間働いても、年間百六十万円の給与にしかならない。

今は、商品でも二極化が進んでいる。安いものと、高いもの、という二極化だ。すると、収入の二極化の低い方にいる人たちは、安いほうの商品で我慢する。一方、二極化の高いほうにいる人や、親元で生活している未婚の女性などは、高いものを買う。

日本は、世界のなかでも中産階級の多い国だった。しかし、経済的環境において、二極化の傾向が出てきている。消費の二極化も、この経済的環境の二極化に由来するものだといえる。

加ト吉の本業である食品においては、「安全・安心」を第一とし、さまざまな企画商品を今後も提案していく。今はもう、大量生産・大量販売という時代ではない。分散されたニーズに合った商品を開発することが要求されている。そうしたことを考慮すると、わたしたちも国内、海外での販売戦略を、より一層しっかり打ち立てていかなければならない。

香川県を本社にしつつ、マーケティング拠点は東京に

加ト吉は、瀬戸内の一水産加工企業から出発した。冷凍食品事業に参入したあとも、まずは足元を固めるために、関西を中心に販売網を築いてきた。本社のある香川県に工場、物流拠点を集中させフローズン・フーズタウンを形成したのもそのためである。

着実に事業を拡大していくために、それは必要なことであった。しかし、そのために、東京近辺における加ト吉の知名度は、いまひとつ低いのが現状と言わざるを得ない。

そこで、創業五十周年を機に、マーケティングの拠点を東京に置くことにした。あくまで、本社は香川県観音寺市に置くが、よりスピーディーに消費者のニーズをキャッチし、商品化し、販売体制を整えるには、これがベストの体制だからである。

多くの産業分野において、国内のファッション（流行）は、東京を中心に生まれている。そのため、商品開発と営業戦略は、東京を拠点とする。大手のスーパーもコンビニエンスストアも、東京で一括仕入れをすることが増えてきた。メーカーであるわれわれも、仕入れバイヤーに近いところで、商品を開発するのが時代の流れである、という判断である。

経営者も、売上げが五百億円のときは、五百億円の考え方になる。売上げ二千億円の

ときは、二千億円の考え方になる。今の加ト吉は、連結売上高が三千六百億円になる。この規模にふさわしい経営、成長戦略を打っていかなくてはいけない。

そういう意味で、これから加ト吉が打って出ることは、大きく分けて次の二つである。

まず一つは、海外で商品を売っていく、ということである。この五年間で、海外でも健康食ブームに乗って、魚の摂取量が増えてきた。寿司だけでなく和食も、まだまだ需要は伸びていくだろう。

創業当初、エビやイカといった瀬戸内の魚を中心に扱ってきた加ト吉だが、今やグローバルに商品を提供していくにあたり、二〇〇五年（平成十七年）、前述のとおり東京の新日本グローバルという、サケやマスなど加ト吉の弱い部分に強みをもつ会社をM＆Aした。新日本グローバルを通じて、すでにヨーロッパやアメリカへ商品の輸出を始めている。こうした態勢をさらに強化していく。

二つめは、世界最大の人口を誇る中国には内陸部を中心に、海の魚を食べたことのない人たちが、まだ七億人近くいる。日本の総人口の約六倍のマーケットが、未だ眠っている状態なのだ。わたしは、彼らに海の魚を提供していきたい。そのためには、中国の経営者と一緒になって事業をするのが一番と考え、共同出資の会社を設立し、事業を展開している。

将来、中国の人たちが魚を食べるようになれば、水産資源が枯渇することも考えられる。その状況が来る前に、水産資源の輸入ルートを確保する手も打っている。

常に青春企業たれ！

加ト吉は二〇〇六年（平成十八年）九月で、創業五十周年を迎える。

企業も人間と同じで、一見どんなに健康そうに見えても、どこかに悪いところが出てくるものである。会社の悪い部分は、毎日の数字を見ていれば、自然とわかってくる。治る見込みのないものは、思い切って切除する。病気を抱えているのに、ただ「頑張れ」と言っているだけでは、会社は病にむしばまれていくだけなのだ。

時代のニーズに合わせて、変えるべきは変え、いつの時代にも生きる価値観やシステムは守り続けていく。

企業は常に、次にやらなければいけないこと、次に手掛ける事業を探し出していかなければならない。わたしには、まだまだやりたい事業がたくさんある。それを実現すべく、七十歳の今も、常に青春を生きる気持ちで事業に取り組んでいる。

4章

引っ越しのできない日中関係

――中国とのパートナーシップをいかに強くしていくか――

弘法大師の帰唐千二百年の今、考えること

二〇〇四年（平成十六年）初頭、わたしは初めて中国の西安（旧・長安）へ行った。偶然であるが、日本にうどんをもってこられた弘法大師（空海）も、八〇四年、つまり、わたしが西安へ行った千二百年前に、長安へ足を踏み入れておられる。そして、二〇〇六年（平成十八年）は、弘法大師が日本に帰ってこられて、千二百周年となる。

奇しくも、二〇〇六年（平成十八年）で、加ト吉は創業五十周年を迎えた。日本国内での事業基盤を固めると同時に、グローバリゼーションの時代を迎えた今、地球全体を眺めた経営をしていかなければならないと考えている。

特に海外展開の政策の中で、中国の位置付けは重要である。

これまで加ト吉は、中国の山東省を中心に製造拠点を持ち、そこから日本や米国など、海外へ商品を輸出するというビジネスモデルを展開してきた。

だが、ビジネスモデルは一度できあがったら、そのままずっと変わらない、というものではない。時代と共に変わっていくものなのだ。

経済発展を遂げつつある中国は、消費市場として非常に魅力あるものになってきた。中国で商品をつくり、中国の消費者に売っていく時代を迎えている、ということである。

二〇〇六年（平成十八年）は、そういう意味で、本格的に中国市場に取り組んでいく年である。弘法大師が帰唐されて千二百年という年とも重なり、これも何かの因縁であろうと感じている。

加ト吉は、冷凍の「さぬきうどん」を製造し、一日百四十万食を販売、日本の冷凍うどん市場で五〇％近いトップシェアを占めている。その基となる、讃岐うどんを日本にお伝えになった弘法大師と、千二百年の時を隔てて中国の地に足を踏み入れ、僭越《せんえつ》な言い方ではあるが、日本の一企業として、中国に新たな食文化を根付かせようとしていることは、実に感慨深い。そういう思いをわたしは今、抱いている。

また、弘法大師が日本に持ち帰られ、日本の食文化を豊かにさせたうどんという食材を、今、加ト吉が最先端の技術を用いて、多くの人々に提供させてもらっている。そして、今度は日本で育った「さぬきうどん」という商品を、逆輸入する形で、中国でも販売していきたいと考えている。この、弘法大師を中心とした中国との接点に思いを馳せるにつれ、その偶然の縁と、日本の一企業としての責任感を強く感じるのである。

弘法大師は、日本から海を渡って、まず福州長渓県赤岸鎮という所に到着され、そこから四十日かけて二千キロの道のりを歩いて長安へとたどり着かれた。中国の内陸部は雨が少なく、米がつくれないため、特に中国北部は小麦粉を中心とした粉文化が発達した。

中国の三分の二の地域では、雨が少なく稲作ができないのだ。

弘法大師は、その粉文化の産物である麺類を日本に持って帰られた。讃岐(現・香川県)で生を受けた弘法大師が長安での修行を終え、郷里の讃岐にうどんを伝えられたため、そのうどんは讃岐うどんと呼ばれるようになったのである。

讃岐の国、いまの香川県は、瀬戸内海に面した土地柄、温暖である半面、日本でいちばん降水量の少ない地域であり、長安同様、粉文化の根付く風土があった。もっとも稲作に関しては、その後、降水量の少なさを改善するための工夫が続けられた。弘法大師は満濃《まんのう》をはじめ、多くの場所に溜め池をつくっていかれ、讃岐を稲作もできる土地にされた。

いま香川県は、隣りの徳島県を流れる吉野川から水を引いたりしているが、昔はそういった灌漑《かんがい》の技術はなく、自分たちのエリア内で水を確保しなければならなかった。

わたしは、弘法大師が加ト吉の看板商品にまで成長した讃岐うどんを日本にお伝えになったというだけでなく、讃岐の国一帯を豊かな土地にするために、貯水技術を開発されたことに、畏敬の念を覚えずにはいられない。わたしは、その讃岐の国、今の香川県に生まれ、先人の教えにも学びながらいろいろと知恵を出し、創造力のある経営をしていきたいと考えている。

中国にもフローズン・フーズタウンを

加ト吉の中国進出は、二〇〇六年（平成十八年）で十一年になったが、そのキッカケをつくったのは、わたしの著書『後姿で学んだチャレンジ経営』（講談社刊）だった。一九九三年（平成五年）五月、中国の学校から要請があり、翻訳本を出版したのだ。

そして、その本の出版セレモニー終了後、わたしは大連から高速艇に乗り、渤海湾《ぼっかいわん》を横断して、対岸にある山東半島の要地、煙台《えんだい》に足を伸ばしてみた。煙台まで高速艇で三時間だが、渤海を横断して煙台に降り立ったとき、穏やかな海と背後に広がる野菜畑の光景を見て、わたしは思った。

「瀬戸内の風景にそっくりだ」

わたしを育ててくれた瀬戸内の原風景が、そこにあったのだ。

さらに煙台から山東半島を海沿いに威海《いかい》を経由して青島《チンタオ》に出る途中、小さな食品工場を見学させてもらった。見ると、若い女性従業員がわき目も振らずに働いている。

彼女たちの給料は、日給二百五十円。ちなみに、食品工場内に山積みされていた、ほうれん草の値段は、一キロ十五円だった。

「中国は、ちょうど四十年前の日本と同じなのだ」

加ト吉が冷凍野菜の製造を開始した一九六六年（昭和四十一年）当時、近在の農家と契約した、ほうれん草の納入価格は一キロ二十五円。女性従業員の日給が五百円だったから、実際には、当時の中国は一九六〇年代の日本に相当する。その上、若い女性たちがわき目も振らず、ひたむきに働いていた姿は、かつて豊かになりたいという思いで、懸命に働いた日本人にダブって見えた。

この煙台から青島に至る光景は、偶然にも、この山東省付近が冷凍食品の生産に向いている、ということをわたしに教えてくれた。

なにしろ、人件費が安いうえ、背後には農村地帯が広がり、安価な労働力を供給できる。しかも、その労働者は、「豊かになりたい」という思いで一所懸命働く。さらに山東省は穀物、野菜、水産物資源に恵まれている。加えて、近くに煙台、青島という貿易港が控えている。つまり、わたしの故郷の四国・観音寺周辺に似ているのだ。

わたしの頭には「中国フローズン・フーズタウン構想」が浮かんでいた。

中国で第二の創業を

わたしは、生まれ故郷の観音寺市を中心にした「四国フローズン・フーズタウン」をつくり上げたのち、もう一度、新たな夢とロマンに挑戦したい、と思っていた。その思いで、中国事業を、「第二の創業」と位置付けたのだ。

大手冷凍食品会社が、消費地の東京に近い土地に工場を建設したのに対し、わたしは観音寺市周辺に配送センターを置き、その周囲に工場群や冷凍倉庫を配置した。大都市では人を集めるのが困難であるが、観音寺周辺では夫が漁に出ている間、働きたいという主婦が多い。農家の主婦も仕事があれば、働きたいと考えている人が多く、人の確保が容易であった。

観音寺周辺をフローズン・フーズタウンにして成功したように、山東省も「フローズン・フーズタウン」となる条件を兼ね備えていた。

まず「地の利」がある。もともと山東省沿岸部は、水産業のさかんな地域であり、貿易に便利な港もある。フライにする魚は北洋、南洋の漁場で漁獲され、船上冷凍されたまま工場に運ばれ、加工される。日本に運ぶのも、山東省の青島、あるいは舟山《しゅうざん》の港に持ち込むのも、大した違いはない。

しかし、製造した冷凍食品を中国の工場から消費地の東京、大阪に輸送する運賃は、四国から東京に冷凍車で輸送する運賃より安い。冷凍食品だから、今日中に着かなければ傷んでしまうというものではない。冷凍コンテナがあれば、問題ないのである。

野菜にしても、山東省は農地が豊富だ。先ほども述べたとおり、「地の利」も、まさに観音寺市周辺と同じなのだ。

着々と進む、中国のフローズン・フーズタウン

一九九五年（平成七年）から始まった中国事業は、加卜吉の「第二の創業」として、中国にフローズン・フーズタウンを形成してきた。

観音寺市のフローズン・フーズタウンの知恵と経験を生かし、現在では、山東省を中心に六つ、浙江省に二つ、遼寧省と広東省に各一つで、合計十の生産拠点をもつまでになっている（二〇〇六年三月時点）。

フローズン・フーズタウンとは、冷凍商品の一大生産拠点のことであるが、山東省の工場配置は、以下のようになっている。

・威海《いかい》市に、威東日綜合食品（水産フライ、調理加工品など）
・味島《あじしま》市に、味島食品（水産フライ調理加工品など）
・濰坊《いぼう》市に、濰坊美城食品（チキン加工品）
・高密《こうみつ》市に、濰坊凱加食品（チキン加工品）

・即墨《そくぼく》市に、青島亜是加食品（農産加工品など）
・即墨市に、青島加藤吉食品（寿司ネタ用甘エビ、タコ、イカなど）
・舟山《しゅうざん》市に、舟山加藤佳食品（骨なし魚、焼き魚、天然車エビ、穴子など）
・舟山市に、舟山港明食品（サワラ、サバなど）
・大連《だいれん》市に、大連中太食品（サケ、マス、カニ、魚卵など）
・広州《こうしゅう》市に、広州加藤利食品（野菜ギョウザ）

現地法人との「人と人との強いつながり」

加ト吉は、河北省の天津市にある海都《かいと》食品という現地法人と共同で、上海と天津に営業拠点をつくり、四川省には、キノコを中心とした健康食材の冷凍食品工場をつくることになっている。また、峯二《みねに》食品という上海の問屋と提携し、中国で製造した加ト吉の商品を中心に、上海での営業を行っている。これらは、今後大いに伸びていくだろう。

ここで、海都食品という会社の説明をしておこう。海都食品は、加ト吉と縁の深い会社なのだ。

「人と人とのつながり、ネットワークが、中国の事業を支える」と言われる。

わたしが、十二年前の一九九四年（平成六年）中国へ行ったとき、山東省から上海までのガイドを、王忠権《ワン・チュウケン》という人が担当したのだが、彼はその後、日本の下関市立大学へ国費留学した。そして、中国でのガイドを担当したという縁で、加ト吉の工場で二年ほど働いた。

王氏が工場勤務に携わっているとき、その工場には、現在、海都食品の社長をしている于学成《ウ・ガクセイ》という人もいた。于氏は、加ト吉の工場勤務を経て独立し、海港食品を創業した。海都食品は目覚ましい成長を遂げ、近年、香港での上場も視野に入れている。

于氏は日本にいたこともあって、現在も日本企業の顧客をたくさん抱えている。そこで、同じ加ト吉で働き、日本とのビジネスで即戦力となる王氏も、于氏の会社・海都食品に入り第一線で活躍している、という経緯なのだ。

海都食品のように、加ト吉は、気心の知れた人物がいる企業と提携し、中国事業の基盤をつくっている。

日本企業は続々と中国へ進出しているが、代金の回収など、困難に直面することも多い。われわれ加ト吉は、単独で乗り込むのではなく、現地法人と組むことで、事業をしていく方針だ。そして、そこに商社のネットワークをお借りすることで、流通販路を広げていこうと考えている。

日系のイトーヨーカドーやジャスコ、セブン－イレブンやローソンが今、中国に続々と出店している。そこにも、加ト吉の商品を流していく。現地の企業、日系の企業と手を組むことで、リスクを軽減したビジネスに取り組む、という戦略である。

「中国は広大だから事業をするのが難しくはないか」ともいわれる。しかし、たとえ中国市場の一割でも、規模にすれば、日本全体のマーケットと同じである。中国国内の企業も、中国全土を網羅するのではなく、ある一定の地域を商売エリアと定め、ビジネスを展開している。

その土地のことは、その土地の人間が一番よく知っている。加ト吉も、「地の利」を活かした事業を行い、発展してきた。同様に中国のビジネスでも、現地の企業と組むことが、何よりも重要だと考えている。

また、中国の加ト吉工場には、日本の大学を卒業し、大学院に進んで農学博士を取得した者が八人いて、その八人が中国の八つの工場に、それぞれ勤務している。彼らは、大学院とドクターコースの四年間、アルバイトをして学費を稼ぎ、苦労して農学博士を取っている。仕事に取り組む姿勢も、非常に勤勉である。今日、加ト吉が、中国で工場を操業できているのも、彼らの存在があるからだといえるだろう。

彼らは日本で採用し、四、五年加ト吉で研修を受け、仕事を覚えた時点で、中国工場の工場長兼総経理をまかせるようにした。だから、加卜吉イズムも、彼らは十分理解している。

加卜吉の中国事業は、こうして日本で仕事をしてきた彼らを交えて進めている。話のできる人間が現地にいなければ、事業はスムーズに進まない。その点、彼らは日本での滞在経験も長く、加卜吉本社との連携もあるうえに、中国工場の二万人の労働者とも話しができる。たとえ、わたしが中国に行って現場の人間と直接話したとしても、心までは語れない。その足りない部分を、わたしは彼らに託しているのである。

加卜吉で採用した中国人社員は、中国勤務になっても、日本円ベースで給料の支払いをしている。日本では月給二十数万円だった賃金が、中国では一万円程度の賃金になってしまうからだ。加卜吉は、頑張った者が頑張っただけ評価される環境づくりをしている。中国の工場長も、その方針のもとで働いてもらっている。そのため、中国の各会社・工場とも、目標を設定し、それに向かって進んでいる。

例えば、青島加藤吉食品では、甘エビ・カニ・サーモンに特化した商品を生産しているが、近年はベトナムやタイに同業の加工工場ができ、海外への輸出価格面では負ける場面もでてきた。そのため、日本市場を核に置きながらも、中国の国内市場の開拓を積極的に進めている。

アジや白身魚のフライを主力商品とする威東日綜合食品では、新しくプロジェクトを立ち上げて、現在一～二%に過ぎない中国の国内販売を促進し、かつマーケットを欧米にも広げ、事業拡大を目指している。

また、最近は中国でも人手不足が深刻になり、若者の就業者を確保するのが困難にもなっている。そこで、「少しでも、従業員が働きやすい環境を」との考えから、工場内に湿度がこもらないよう空調を整備したり、寮には冷暖房を完備し、社員食堂を充実させ、保険加入など福祉の充実を図るなど、さまざまな手を打って人員確保の努力をしている。

チキンの加工品を生産する維坊凱加食品は、米国のケンタッキーフライドチキンでスープが採用されるなど、売上げを大きく伸ばした。

だが、二〇〇四年（平成十六年）は鳥インフルエンザの影響を受け、操業停止の状況に追い込まれた経験がある。

そのため、「チキン以外の商材開発にも力を入れよう」と、商品の拡充に努めている。また、中国では電子レンジの普及も進んでいるが、中国では家庭での食べ残しを温めるのが主な利用法になっているため、冷凍食品だけでなく、チルド商品の需要も高いとみて、その開発に力を注いでいる。

このように各工場を独立採算でまかせることにより、試行錯誤や創意工夫が生まれてくる。わたしは常々、工場長たちに、「中国の工場を上場させて、その社長になりなさい」と言っている。彼らは、それを励みに、「頑張ったら、頑張っただけ報酬がある」と仕事に全力を投入してくれている。成果が賃金に反映されれば、仕事への取り組みも変わるし、責任感も強くなるものなのだ。

現地の雇用拡大にも貢献している中国事業

わたしは、中国事業を「第二の創業」と位置づけている。

中国は、元来外食を好む民族である。月給が日本円換算で二、三万円台になると、外食チェーンが急成長すると、わたしは考えている。レストランが増えれば、そこに加ト吉の商品を販売することができる。

加ト吉は、内外価格差の是正を目指し、一九九五年（平成七年）から、中国に生産拠点を置き、現在は十工場が稼働、二万人の従業員を抱えている。この中国を中心にした海外生産量は、加ト吉の全商品の二割を占め、売上げでは五百億円に上っている。

国内では「メイド・イン・チャイナは品質が悪い」、という人もいるが、日本で消費されている魚の半分以上が遠洋漁業で、ロシアやカナダ、チリから冷凍輸入されている。それも賃金の安い中国で切り身に加工されて、日本に入っているのである。

最近、日本では骨を取るのが苦手で、魚を食べたがらない子供たちが増えているという。そういう子供たちのために、加卜吉では、中国の浙江省舟山《せっこうしょうしゅうざん》の加工工場で、魚を切り身にすると共に、魚の骨を抜き、「骨なし魚」という商品として販売している。これが日本で好評を得ている。これも人件費の低い中国に生産拠点を持っているからこそ、できたことといえる。

四十年前はアメリカに日本製品を輸出すると、「メイド・イン・ジャパンは二流品、三流品」といわれていた。ところが、当時の日本人はハングリー精神に満ちていた。そして、いいものをつくることで、「メイド・イン・ジャパンは世界一の品質」、という評価を勝ち取るまでになった。

しかし、今の日本の若者は、豊かな生活に慣れきって、ハングリー精神を失っている。一方、中国には、視力が二・〇で身体能力も優れた若者がたくさんいる。しかも、豊かになるために、仕事にも熱心に取り組む。そういう中国の若者が、かつての日本人と同じように商品を製造している。今から十年も十五年もしたら、「日本製品よりメイド・イン・チャイナのほうが品質がいい」、ということにもなりかねないだろう。

中国では、沿岸部と内陸部で経済格差が激しい。沿岸部は豊かになったものの、内陸部はまだまだ貧しい農村が多いのだ。十三億ともいわれる人口の大部分は内陸部に住んでいる。しかし、内陸部は雇用の場が少なく、沿岸部に出稼ぎに行きたい人々が数億人も控えている。人件費が急激に上昇する心配がないのも、この豊富な求職者の存在があるからなのだ。

実際、中国の農村部の人々は、一世帯年間十万円程度で生活している。貧富の差が激しいだけに、農村部の人たちは出稼ぎに行きたがっている。その出稼ぎ先のひとつに中国の西の端、中央アジアに位置する新疆ウイグル自治区の綿摘み業がある。河南省からウイグル自治区へ出稼ぎに行く人が多いのだが、新疆ウイグルまで三日間汽車に乗り、寒い中で三カ月間、綿摘みをする。その月給が五千円から八千円。三カ月働いても一万五千円から二万四千円にしかならない。

こういった労働予備軍が、中国全体で二億人、山東省だけでも二千万人もいるといわれている。それだけに、人件費は上がらない。加ト吉の中国工場にいる二万人の人件費は、日本の国内工場で働く千人の人件費と変わらないのである。

この人件費で加工生産すれば、当然、フライやコロッケを安く販売することが可能である。

例えば、白身魚のフライは、ニュージーランド近海で漁獲されるホキという魚を使うのだが、日本に運び、一枚六十グラムの切り身にし、パン粉をつけて加工する。消費者が満足する商品をつくるためには、切り身にするのも、パン粉をつけるのも、工程はすべて人間の手作業に頼らざるを得ない。

従業員一人が一日に加工できる量は、二千個ほどである。日本で加工すると、一個のコストが五円。一個十五円か二十円で販売するフライが、人件費だけで五円もかかってしまうのだ。ところが、韓国で加工した場合は、その三分の一の二円。中国では、たったの三十銭でつくることができる。日本の二十分の一の人件費でつくれるわけだ。しかも、先行投資も日本の七分の一の金額で済む。これが中国生産の魅力である。

その一方で、中国は沿岸部と内陸部の格差が拡大し、混乱が起きるのではないか、と懸念する声も多い。しかし、加卜吉の工場は、北京と上海の真ん中に位置する山東省に集中しているため、たとえ混乱が生じたとしても、それに対応できる空間的、時間的な余裕を備えている。山東省は、立地条件が非常にいいのである。

中国の各市、そして観音寺市から賞を授かる

「威海市に進出している日本企業の中でも、加藤先生のわが市への貢献は大きい。ここに

いる全員が、加藤先生に栄誉市民賞を送ることを喜んでいます。今後もわれわれを指導していただきたい」

日本の文化の日にあたる、一九九九年（平成十一年）十一月三日、わたしは中国山東省威海市から栄誉市民賞を受賞した。加卜吉が中国に進出してから、まだ五年程度の時期だったが、威海市の発展に貢献してくれたことへの御礼だという。

その日は一点の雲もない快晴で、天までが祝福してくれるかのようだった。威海市の合慶山荘で行われた授章式典には、威海市人民政府市長や威海経済特別開発区監理委員会主任等、地区政府の要人が列席する中で、崔《さい》市長から賞状をいただいた。

わたしは、一九九三年（平成五年）に紺綬褒章《こんじゅほうしょう》、一九九七年（平成九年）には藍綬褒章《らんじゅほうしょう》を受章したほか、国土庁（現・国土交通省）長官表彰や中小企業庁長官表彰、香川県知事、全国市長会、全国市議会議長会から表彰されていたが、外国から表彰されるのは初めてだった。そのうえ威海市でも日本人としては初めての表彰だと聞き胸が熱くなった。

中国事業は、加卜吉にコスト競争力をもたらしただけでなく、中国にとっても、利益をもたらした。

わたしは「当地における合弁事業の発展は、威海市当局と市民のご支援の賜物です。加卜吉の社是は『企業の繁栄を通して社会に奉仕する』ことですが、中国で加卜吉グループが発展することは威海市だけでなく、中国全体の産業振興、食文化の普及に貢献できるものと確信しています。さらに今後とも市の模範企業として地域社会に貢献していきたい」と、返礼のスピーチをしたのを憶えている。

中国は、資本の導入や雇用の確保、税収、技術の習得、輸出による外貨の獲得を望んでいた。とりわけ外貨の獲得をもっとも重要視していた。中国で生産した冷凍食品全量を加ト吉グループが輸入していることで、外貨獲得につながったことも、授賞の大きな理由になっていたのだろう。

その一年後の二〇〇〇年（平成十二年）には、山東省の即墨市からも栄誉市民賞を受賞した。

授賞理由は威海市と同様、加ト吉の市への貢献だった。しかし、今回は加ト吉の進出がきっかけとなり、故郷の観音寺市と友好姉妹都市になったことが付け加えられていた。観音寺市との友好都市の提携は、わたしにとっても、望外の喜びだった。

その後、農林水産大臣賞、経済産業大臣表彰を受けたが、二〇〇二年（平成十四年）には山東省の高密《こうみつ》市から、二〇〇三年（平成十五年）には浙江省舟山市からも栄誉市民賞を受賞。山東省の三市と合わせ中国の四つの市から、栄誉市民賞を受賞したことになる。さらに二〇〇五年（平成十七年）には、観音寺市から名誉市民に選ばれた。

わたしは創業以来、企業が発展していくことで、社員だけでなく、取引先の従業員を含めて地域の雇用を拡大し、豊かにすることができると考えてきた。また、その一方で、利益を上げて税金を納めることで、市民の福祉や公共設備の充実にも貢献できる、と考えてきた。そういう思いで事業をやってきたことが、威海市をはじめ、各地から、栄誉市民として表彰されることにつながったのだと思う。受賞を感謝すると同時に、多くの人々の幸せに貢献できたことが何よりもうれしかった。これらの受賞は、わたしの信じてきた道が間違いではなかったと、確信できた出来事でもあった。

中国現地に日本人学校を建設

「企業の繁栄を通して社会に奉仕する」という加ト吉創業以来の社是は、中国においてもあてはまる。

日本市場における激しい競争と価格破壊のなかで、加ト吉が冷凍食品メーカーナンバーワン企業となれたのも、中国事業の存在が、その要因の一つになっているといっても過言ではない。

中国には十の工場があり、二万人の従業員がいる。加ト吉も中国の現地企業として、社会貢献、奉仕活動をしていきたいと考えている。これまでも、中国での緑化推進運動に参加し、植樹活動を行ったり、「青島国際マラソン大会」に協賛するなどの活動をしてきた。しかし、その他にも、われわれに何かできることはないか、常に模索し続けてきた。

青島市は二〇〇三年（平成十五年）以来、日本企業の進出が急増し、その数もいまや千社を超えている。それにともない、青島市に駐在する日本人家族も急増している。そのため、現地では、駐在家族の子女が義務教育を受けられる日本人学校を必要としていた。

日本人学校が設立されれば、日本企業の進出が促進され、地域に貢献できるのではないか。そう考え、二〇〇四年（平成十六年）四月、加ト吉山東省総支配人であり、青島日本人会会長も務めている大谷吉治が中心となって、青島大学の華文学院の校舎を間借りし、「青島日本人学校」を開校した。

開校当時はたった六人の生徒数であったが、現在は七十人まで増え、校舎も手狭となり、教育活動にも支障をきたすようになった。そこで、開校以来の懸案であった新校舎の建設について、青島市人民政府の協力を得て、日本の外務省・文部科学省と協議の上、加ト吉がデベロッパーとなり、青島市内に約四億円をかけ、「青島日本人学校」の建設を行うこととなった。現在、二〇〇七年（平成十九年）四月の完成に向けて新校舎を建設中である。

加ト吉は日本国内のみならず、進出先の国々でも、こうした共存共栄の精神で、社会貢献をしていきたいと考えている。

日本の「男おしん」と呼ばれて

前述のとおり、一九九三年（平成五年）の初頭、大連管理幹部学院日本経済研究所というところから、わたしの本を中国語に翻訳して出版したい、という申し入れがあった。聞けば、その前年、大連からの視察団が訪日した折、わたしは自分の著書をプレゼントしたことがあり、その本を読んだ教授が、「中国で、この本を出版したい」と推薦したということだった。

大連管理幹部学院は、わたしが行商から身を起こして加ト吉を上場企業に育て上げたこと、観音寺市長として市政に民間の経営感覚を取り入れて行財政改革を成功させたことなどが、市場主義経済を導入し、経済発展を進めている中国にとって参考になるという。むろん、「お国の役に立つなら」と快諾したことはいうまでもない。

その本は『挑戦性経営』という書名で一九九三年（平成五年）五月に出版された。同年六月には、「出版記念セレモニーを行うため、ぜひ中国へ来てほしい」、と中国に招待された。また、同時に、大連管理幹部学院はわたしに「名誉教授」の称号を贈呈してくれたのである。

その授与式を兼ねた出版セレモニーに出席するため、大連の空港に降り立ったとき、わたしは目を見張った。なんと学院の女子学生七名が、紺地の布に白く日本語を染め抜いて「歓迎　ようこそ、日本の男おしん」と書かれた横断幕を掲げて出迎えてくれたのである。『おしん』とは、二十年近く前、NHKで放送され、爆発的支持を得た連続テレビドラマである。その頃の日本は、戦後四十年近い月日が経過し、高度経済成長による豊かさを謳歌し始めていた。戦争に敗れ、焼け野原から立ち上がった日本が、ようやく「日本」という国、そして、そのゼロから出発した日本の歴史を、振り返ることができるようになっていたのである。日本の国民、一人ひとりが自分の記憶と経験をドラマ「おしん」に重ね合わせ、驚異的な視聴率を記録したのである。

その後、『おしん』が日本のみならず、中国や東南アジアでも放送され、人気となっていたのは知ってはいたが、まさかわたしが「男おしん」と表されるとは、心底驚いた。彼らは、行商から身を起こして成功したわたしを「おしん」にダブらせていたのだろう。

中国で『おしん』が受け入れられたのも、自分たちの貧しく過酷な生活を「おしん」の人生に重ね合わせつつ、健気に生きる「おしん」の姿に勇気を与えられたからだろう。

昨今は、日中の関係がますます悪化している。だが、中国の人々は、『おしん』というドラマに、わたしたち日本人と同じように感動した。

一人の人間という立場になってみると、日本人と中国人の間での心の交流は成立する。今そのことをもう一度思い返し、中国との関係を見直す時期がきているのではないだろうか。中国は、敵対する相手ではなく、共存共栄のパートナーたる国なのである。

1993年大連管理幹部学院を訪れ、「日本の男おしん」と歓迎された

中国とは共存共栄する関係にある

日本は二〇〇五年（平成十七年）、戦後六十年を迎えた。

その六十年の間に、日本は経済発展を遂げ、アメリカに次ぐ世界二位の経済大国にもなった。諸先輩の方々の活躍によって、豊かな国・日本が作り上げられた。今、八十代に入る方々が身を粉にして働いてこられたおかげで、わたしたちは経済成長の恩恵を受けているし、経営のノウハウや経験を培ってきたのである。

スーパーにしても、勝ち組が鮮明になる一方で、負け組も増えている。企業は自立の精神で、この激しいグローバルな競争社会を生き抜いていかなくてはならない。日本の企業も国内での競争に奔走して、経営体力を摩耗《まもう》するのではなく、今まで培った経験を海外で生かしていくことが必要であろう。

日本の隣りには、十三億の人々が生活する中国という大国がある。

中国の上海へも、観音寺から飛行機で三時間もあれば到着する。岡山なら二時間、大阪でも三、四時間で行けるのだ。

アメリカは同じ国内でも、ロスアンゼルスからニューヨークまで、飛行機で五時間かかる。しかも、時差が三時間もある。

日本は、中国へ行くのに三、四時間。しかも、時差が一時間しかない。十三億の民が生活するこの隣国と、日本はどう付き合うべきか。

両国は、引っ越しのできない関係である。やはり、お互いに協力し合い、共生の道を目指すべきではないか。中国は脅威ではなく共存・共栄の相手だと、わたしは思う。自分の仕事を通じて、そのことを確信している。

一九七二年（昭和四十七年）、総理大臣・田中角栄氏が、時の外務大臣・大平正芳氏とともに中国へ出向き、国交正常化を実現した。社会主義体制の中国、しかも、日本は、それまで親密な関係にあった台湾と国交を断絶して、日中国交回復をやり遂げた。

政治的に、台湾との国交は断絶したが、経済交流や国民の交流という面では、台湾との関係を崩さず、中国とは新しい関係を築いた。その苦労が、田中首相と大平先生の時代にはあった。それは、やはり日本と中国の間に、信頼関係があったからこそ可能であったと思うのである。

日本と中国は、一衣帯水《いちいたいすい》の間柄とされてきた。遣隋使、遣唐使という使節が、その当時の中国に派遣され、文化交流が行われてきた。

引っ越しのできない関係――。

日本と中国は地理的にも歴史的にも近く、お互いに引っ越しのできない関係だといわれる。

両国間には、これからも隣国同士ゆえのさまざまな問題が発生すると思われるが、「お互い、引っ越しできない関係だから」というところで、主張すべきは、真剣にかつ率直に主張し、譲るべきは譲るという謙虚さが必要だと思う。

日本は自由主義経済であり、中国は社会主義市場経済である。お互いに歩んできた歴史は異なるし、その国特有の価値観も生まれてくる。お互いの主権を尊重し、相互理解を進めなくてはならないと思う。

一九七二年（昭和四十七年）、日中国交回復で、当時の田中角栄首相と周恩来首相は、ガッチリと握手した。

周恩来首相は、先の戦争での対日賠償放棄と日本との国交回復を決定するにあたり、次のように語っている。

『中国人民も戦争の被害者だが、日本人民もまた、戦争の被害者である。その被害者から賠償を取ることはできない』

当時、中国国内では、日本から賠償金を取るべきという声が強かった。しかし、周恩来首相は、それらの声に対し、右のような理由を述べて説得し、国内の了解を得たのである。

ちなみに日清戦争のとき、勝利した日本側は当時の清朝政府から年間予算の三年半分を賠償金で取ったといわれる。そういう歴史を踏まえた上で、周恩来首相ら中国首脳は、そうした決断を行った。

日中関係は、引っ越しできないという認識のもと、周恩来首相は一九五四年（昭和二十九年）、日本の国会議員団に対し、次のように述べている。

『日中間の不幸な時期は過去の数千年間のうち、わずか六十年ぐらいであって、それもすでに過去のことです。ここで大切なことは不幸な過去をすっかり過去のものとする努力こそ重要であり、ましてやそれを孫らの代まで及ぼしてはいけません』

現在の中華人民共和国は一九四九年（昭和二十四年）に建国された。中国共産党が、それまで中国を支配していた国民党に打ち勝って政権を獲得した。

建国当初、毛沢東・国家主席（当時）は計画経済のもと、人民公社をつくり、工業、農業などにおいて、集団での生産活動を開始するが、これは結局うまくいかなかった。計画経済では、真の経済発展にならないことを、世界の歴史が示している。

中国の国家運営にも試行錯誤、紆余曲折があった。計画経済を市場経済に切り替えざるを得なくなり、それをやってのけたのが、鄧小平氏（元中国共産党総書記）である。

当時、最高実力者の鄧小平氏は一九九二年（平成四年）一月から二月、上海や深圳《シンセン》、珠《ジュ》海《カイ》などを視察し、『社会主義の本質は生産力を発展させ、搾取を減らし、分裂をなくし、最終的な人民（国民）の生活レベルを上げ裕福になることにある』という趣旨の講話をした。

これが有名な南巡講話《なんじゅんこうわ》である。『白猫でも黒猫でもいい。ネズミを捕る猫がいい猫だ』という喩え話を持ち出して、鄧小平・元総書記は市場経済への道を選択することを直言したのである。

鄧小平・元総書記は、計画経済を市場経済に切り替える立役者となった。その後、中国は市場経済の道を歩み始め、目覚ましい経済発展を遂げてきたのは、周知のとおりである。

中国は、十三億の民を統治するために、中国共産党の一党独裁をこれまで維持してきた。そして、経済の市場化を優先させた。

これに対して、旧ソ連は、ゴルバチョフ書記長（当時）のペレストロイカ（構造改革）で、政治の自由化を優先させ、計画経済はそのままにしておいた。

一九八九年（平成元年）、ベルリンの壁が崩壊して、東西ドイツが統一した。旧ソ連の体制は一九九一年（平成三年）に解体し、ロシア、ベラルーシ、ウクライナなど周辺国が次々と独立していった。こうして政治形態は変革されていったが、旧ユーゴスラビアが民族間の戦争で混乱したように、旧ソ連や旧東欧の経済も長い間低迷してきていた。

今は、ロシアも石油や天然ガスなど豊富なエネルギー資源を背景に、目覚ましい経済発展を遂げてきているが、中国のほうがいち早く経済発展を実現している。

中国では二〇〇八年（平成二十年）に北京オリンピックが開かれ、二〇一〇年（平成二十二年）には上海で万国博覧会が開催される。国の威信をかけて、五輪、万博共に盛り上がりを見せてくれると思う。

世界の多くの人々の関心は、その五輪や万博の後、中国はどういった方向に向かっていくのか、ということであろう。

中国の専門家の間では、一党独裁はいずれなくなる、と読む向きもある。

関係者によると、毛沢東・元国家主席は、独立して二百三十年の米国が、なぜ短期間にあれだけの高度成長を遂げたかについて関心を持っていた。そして、よく研究もしていた。

毛沢東・元国家主席が得た結論は、『ユナイテッド・ステーツ（Ｕｎｉｔｅｄ Ｓｔａｔｅｓ）、にある』ということだった。ユナイテッド・ステーツ、つまり連邦制（合衆国）が発展の原動力になった、という認識である。

ともあれ、将来、広大な国土で多くの省を抱える中国も、ユナイテッド・ステーツになる可能性があるということだが、これまでは、とにもかくにも十三億の民をマネジメントするには、中国共産党による一党独裁が必要だったということである。

経済発展がこのまま進み、国民の生活レベルが向上していき、多くの人が豊かになると同時に、政治体制も変革していく可能性があるということである。ただし、それがいつ、そうなるかはわからない。

当面は、沿岸部と内陸部との格差是正、農村部の生活向上、インフラ整備という課題に中国政府も取り組むなど、まだまだやるべきことは多い。紆余曲折はついて回ることになろうが、歴史の大きな流れで見れば、そうした方向へ向かうというのも一つの見方である。

アジアの安定、ひいては世界の政治、経済の安定のために、日本と中国の良好な関係づくりは最重要課題の一つである。

5章

加卜吉の商品を世界の食卓に

——世界の人においしい魚を届ける——

創業直後から海外を意識

加ト吉は創業五十年を迎えた今、「新生・加ト吉」を打ち出し、変化するニーズに挑戦する「青春企業」として、邁進していく。日本そして世界の食に対するニーズが変われば、それにチャレンジし、「中小企業精神」のもと迅速に対応し、事業を進めていく次第である。

わたしがなぜ「中小企業精神」という言葉を用いるかというと、加ト吉の経営は、関連企業を含めて、いわば中小企業の連合体といえるからだ。中小企業の強みは、なんと言っても、社員が会社は運命共同体である、という意識を強く持っているところである。加ト吉がこれからも成長していくためには、この「中小企業精神」が欠かせない。

加ト吉は、二〇〇五年（平成十七年）を、変革のための環境づくりの年と位置づけ、社内体制を整えてきた。製造、商品開発、品質管理、販売戦略を見直し、グローバル化における、企業の社会的責任とは何か。そういった自覚も含めた経営を行うべく、これまで築き上げてきた加ト吉グループの再整備を行った。

ここ数年間の、コメ・米飯事業の強化、中国進出の拡大、日本たばこ産業との業務提携、アナゴの加工・卸販売を行うグリーンフーズ、タコを中心とした水産チルド製品の卸販売を行う川万水産、北方魚に強く欧米への販路も持っている新日本グローバルなどの買収、そして、サワラやサバを中心とした魚類を、欧州、中国、日本に製造販売をしている中国の舟山港明食品への資本参加・業務提携も、「新生・加ト吉」へ向けての布石だったといえる。

加ト吉は、二〇〇一年（平成十三年）から二〇〇六年（平成十八年）まで、「G（グローバル）S（スピード）R（レボリューション）」を経営テーマに掲げてきた。ビジネスはグローバルに進めなければ発展しないし、決断も行動もスピーディでなければならない。事業を進めるにあたって、常に変革する意識を持たなければならないし、また、そうしなければ、企業はグローバルな競争に生き残れない。

加ト吉グループは一丸となって、「GSR」に取り組み、真のグローバル企業を目指して、前進してきたわけである。

二〇〇六年（平成十八年）からは、この「GSR」の考えのもと、加ト吉は「売る・買う・加工する」ことを、さらにグローバルに展開していく。海外で生産し日本で販売する、という従来のかたちから、世界で生産し世界で売っていく方向へと事業構造をシフトさせる。もはや、国単位で生産拠点を考える時代は終わったのである。

経済の世界では、本当の意味でのグローバル化が進んでいる。世界を一つのマーケットとみなし、その世界という市場のなかで、いかに効率よく工場を配置するか、生産拠点を確保していくか、ということが重要だ。その意味で、加卜吉の生産におけるグローバル化の基盤は、すでに確立できたといえる。

創業五十周年は、加卜吉にとって、次の十年、次の百年へとつながる、重要な転機の年である。安全・安心をモットーに、健康に重点を置いた商品、付加価値のある商品づくり、そして、今度さらに需要が高まるとみている米飯事業を拡大させていく。海外においては、中国、欧米へ加卜吉の商品を本格的に流通させていく考えだ。

加卜吉は、同じ規格、同じ仕様書で商品をつくったら、どこの企業にも負けないものを提供できると自負している。工場の稼働率を考え、プライベートブランドなど得意先のニーズに応えた商品をつくり、大量生産・大量販売だけでなく、個々のお客様のニーズに応えられる生産体制をより強化していく。

そして、中国、欧米をターゲット市場とし、ビジネスチャンスの拡大を図っていく。二〇〇四年（平成十六年）、米国農務省が鶏肉の加工品を生産している中国の濰坊凱加食品を視察した際には、非常に高い評価をいただいた。商品の質で勝負し、魚類だけでなく、欧米へのチキン加工品の輸出も増やしていく。

やはり、事業を大きくするには、グローバル化は欠かせない。

日本は世界有数の水産品消費国で、国内向けの水産加工品の事業を行う加ト吉は、この十年間に売上げを一千億円伸ばしたが、その半分の五百億円は、中国を始めとする海外工場によって生まれたものであるし、世界最大の水産品消費国は、いまや中国になっているのだ。

日本の高度成長と共に、日本近海の漁獲高は減り、海外からの水産物輸入量が増加した。水産物加工業は、販売は国内でも、海外との付き合いが多い産業であり、ＢＳＥ（牛海綿状脳症）の影響によって欧米でも魚が見直されているほか、健康ブームなどで、各国が魚のおいしさや利点に気づき、その市場はいまや日本のみならず、中国、欧米にまで広がっている。

加ト吉は創業間もない一九五七年（昭和三十二年）には、瀬戸内海で獲れた小エビを加工してアメリカに輸出していた。しかし、日本が高度成長し、列島改造論が華やかなりし頃、瀬戸内海は汚染され、小エビの漁獲高が激減し、逆に海外からエビを輸入するようになった。また、フライに使う白身魚も、ニュージーランド近海で獲れるホキという魚を使い、海外から大量に買い付けるようになった。

エビであれ、白身魚であれ、漁業は大漁のときもあれば、漁獲がさっぱり上がらないときもある。天候が悪いときは、出漁すらできない。大漁のときは、エビも白身魚も安くなるが、不漁のときは価格が高騰する。

しかし、不漁だからといって、加工工場を休業するわけにはいかないし、値段が高いからと、エビフライや魚のフライの価格を上げるわけにもいかない。冷凍食品は、大漁、不漁にかかわらず、常に同じ値段で提供できなければ、消費者に受け入れられないのだ。

そういうリスクを伴う事業であるだけに、わたしは材料の安定供給を求め、創業直後から「世界」を視野に入れて事業を展開していった。

ベトナムで始まった海外事業

初めての海外進出は、ベトナムだった。

ある商社から「ベトナムでフライに使えるいいエビが大量に獲れる」という話を聞いたのが発端である。瀬戸内で育っただけに、エビと聞いただけで、どんなエビが獲れるのか、一目見たくなった。

居ても立っても居られず、ベトナムのサイゴン（現・ホーチミン市）に飛んだ。見本のエビではなく、現地のありのままのエビを見たかったのだ。相手を信用しないというのではない。小さいときから祖父と共に舟に乗り、瀬戸内の漁師たちが漁獲したカタクチイワシや小エビを海上で買い付けて加工していた習慣から、自分の目で確かめたかったのである。

ベトナムに行ったのは、アメリカ軍がベトナムから撤退した一九七三年（昭和四十八年）の六月であった。「戦争は終わっているのだから、危険というわけでもあるまい」。そう自分に言い聞かせての出国であった。

しかし、現実は、戦争が終結したとはいえ、サイゴン市内は戒厳令が敷かれ、街には銃を手にした武装兵士が溢れていた。夜になると、遠くで砲声が聞こえるという状態で、ホテルから一歩も出られないどころか、ゆっくり寝ることもできない。

そんな不安な夜を過ごした明くる日の早朝、商社マンの案内で、サイゴンの街を抜け、港の加工工場に到着した。

すると、工場の前に数百人もの人々が行列をつくっていた。行列には、戦争が続き、食糧難だったせいか、栄養失調で痩せこけた女性もいる。やがて、係官が数百人の行列の中から百人ほどを選ぶと、後の人には手を振って帰れと合図している。それは、その日の職を求める人の行列であったのだ。

その工場では、毎日、エビの漁獲高に応じて、働く人を雇っているとのことだった。われわれ日本人も終戦直後に経験しているが、ベトナム戦争の傷跡が、まだ癒えていないのを痛感した光景だった。

工場では雇われた人たちが、エビの殻を剥いていたのだが、面白いことに、日本とは違って、エビの殻だけでなく、尾まで取り除いている。ところ違えば、扱い方も違うものだと、ちょっとしたカルチャーショックを受けた。

そのエビは、現地では「キャッツ」と呼ばれていた。試しに食べてみると、甘味もあり、ぷりぷりした食感だった。これなら日本人の口にも合う。そう確信した。

しかし、問題は、エビの殻が固い点だった。日本人は、固い殻の扱いに慣れていないからである。

それまで北洋のエビを輸入していたのだが、収穫後、すぐ冷凍して輸入し、日本で殻を剥いていた。だが、ベトナム産のエビは北洋産のエビよりも殻が固い。日本で殻を剥くのは大変だし、時間もかかる。

当然のことながら、「キャッツ」の扱いに手馴れているベトナムの人たちに殻を剥いてもらい、そのエビを冷凍して輸入する方法をとった。

加ト吉は、瀬戸内で獲れた小エビの殻を、消費地の東京ではなく、地元・観音寺で剥く方法を選んで成功した。消費地の東京に運んでからエビの殻を剥くより、手馴れている瀬戸内の人たちに殻を剥いてもらった方が、スピードも速い。また、東京に比べて、観音寺は人件費を低く抑えることができた。

ただ、日本では尾を着けたまま食べるため、「尾は剥かずに必ず残して欲しい」という条件をつけて、ベトナム産エビの輸入契約を結んだ。これが、海外で一次加工を行った最初の一件である。

このとき、日本とベトナムとでは、賃金格差が大きいことに気付いた。加工賃が安く、殻を剥いたエビも、剥かずに輸入したエビも、値段には大した差がなかったのである。つまり、可能なものは、現地で加工を施したほうが、低コストで商品を作ることができる、というわけだ。

この体験が後に、海外で加工し日本で販売する、という発想につながっただけに、ベトナムでの仕事は、大いに勉強させてもらったと思っている。

余談だが、ホテルに戻り、商社マンと祝杯を挙げたとき、その商社マンは、「明日は二百キロ離れた山中に木材の買い付けに行く」と言う。わたしが「大都市のサイゴンでさえ、戦火のあとが残っているのに、ベトコンが出没する山中に行くのは怖くないか」と聞くと、「ベトコンは言葉が通じます。言葉が通じず、問答無用で襲ってくる虎の方が怖いですよ」と笑った。

わたしは、その翌日、ベトナムを出国した。サイゴン空港から飛行機が飛び立ったとき、ホッと安堵したが、こういう勇敢な商社マンが、日本の商品を輸出して経済を支えていることに感慨深いものを感じていた。

折しも、帰国三カ月後に石油ショックが起こり、売り惜しみ問題で商社のトップが国会に参考人招致された。

答弁席で、商社のトップがひたすら頭を下げている姿がテレビで放映されていた。わたしは、そのトップの様子と、ベトナムで危険をものともせずに活躍する商社マンとの落差を感じた。危険な現地で働く商社マンを思うにつけ、なぜ社員が命がけになって仕事に取り組むのか。そして、その一方で、社会に事情を説明しなければならないトップに立つ者の覚悟を改めて痛感させられた。

ベトナムから加工輸入したエビは、評判も上々だった。しかし、じきに輸入中止に追い込まれてしまった。アメリカ軍が、ベトナム戦争で散布した枯葉剤に含まれるダイオキシンが、メコン川を汚染している疑いが出たからである。食品は安全が第一である。わたしは、即座に輸入中止に踏み切った。

ベトナムからの輸入は短期間であったが、海外における生産拠点づくりの貴重な経験になった。もしベンチャー精神に燃えてベトナムまで行かなかったら、その後の加ト吉のグローバル化はなかったと言っても過言ではないだろう。

エビの豊富なタイとインドネシアに合弁会社を設立

海外工場の設立第一号は、タイだった。

一九八九年（平成元年）、現地企業と合弁で、エビを一次加工する「シーフレッシュ・カトキチ」を設立した。場所は、タイ南部のチュンポンである。

タイでは、エビが豊富に獲れる。ベトナム進出以後、良質な輸入先として、タイとは早くから取引きをしていた。しかし、将来における消費の拡大、事業の発展を考えると、現地で加工生産した方が、良質なエビをより安く消費者に提供できる。輸入だけでなく、生産拠点をつくるほうが良いと判断し、タイ現地のシーフレッシュ社とニチメン（現・双日）と合弁で会社をつくったのである。

チュンポン周辺はエビの養殖が盛んで、二千から三千のエビ養殖業者が乱立しているが、加ト吉では、鮮度が落ちないよう、車で二時間以内に運べる範囲内の養殖業者だけからエビを買いつけて、加工している。

タイに続いて進出したのは、インドネシアだった。一九九四年（平成六年）に現地資本との合弁で、「セカール・カトキチ」を設立し、さらにその二年後の一九九六年（平成八年）には、「コムフーズ」を設立した。

海水温度の高いタイやインドネシアは、エビの成育が早く、養殖が盛んだ。今では、タイとインドネシアの生産量を合計すると、エビフライは月間千五百万尾、エビのてんぷらが一千万尾、寿司ネタに使うエビは二千五百万尾にものぼる。タイとインドネシアは、加ト吉にとって、なくてはならない生産拠点に育っている。

しかし、海外進出は為替リスクもあるし、法制度や税制の違いもある。国によって習慣も違えば、社会制度も違う。さまざまなカントリーリスクがあるわけだ。

為替リスクでいえば、円安になれば、輸入価格は高くなる。その代わり、海外工場の資産は評価益が出る。逆に、円高になれば、輸入価格が下がる代わりに、現地工場の資産は目減りすることになる。もちろん、為替リスクは、ヘッジしておくこともできる。

現在の中国の場合、元の切り上げといった経営環境の変化もあるが、その場合の、対応の仕方はいくつか考えられる。

例えば、二％元が切り上げされたら、一万円の支払いを一万二百円にすればいいし、一〇％切り上げされたら、百人体制で稼動していた工場を九十人体制で稼動できるようにすればいい。

中国工場は、まだ機械化されていない部分も多いので、それに対応できる余地は十分ある。

つまり、変動に合った合理化・省力化をすればいいのである。

日本は、ここ十年間で、末端商品の小売価格が二〇%程度下がっているが、それに対処するには、この二〇%のなかで、加工コストがどれだけ上がったたか、という問題を考えれば、解決策は見出された。

中国の場合も同じように、問題の根本的要因をはっきりさせ、そのなかで何をすべきか考えれば、対応策は自ずと見えてくるものだ。

だが、国内体制の変化により、事業自体が成り立たなくなることもあり得る。これは、一企業としては、どうにもできない問題である。しかし、そういったリスクがあったとしても、アメリカやヨーロッパといった先進国への進出に比べ、東南アジア各国への進出は、投資額が少なく済む。リスクを加味したうえで、現地工場が利益を出せる体制を整えておけば問題はない。

要は、リスクを恐れていては、グローバル企業にはなれない、ということである。今後、日本市場だけを相手に商売をしていては、会社の将来はないだろう。グローバル企業になることが、成長の条件なのだ。ならば、グローバルな環境で、今、加ト吉にできること、やらなければならないことを、リスクを加味し、利益を確保した上で、進めていくことが最善の選択なのだ。

中国での製造が低価格を可能にした

今は、「中国ブーム」とも「中国特需」とも呼ばれている。実際、二〇〇八年（平成二十年）の北京オリンピック、二〇一〇年（平成二十二年）の上海万博に向けて、中国は年率九％を越える経済成長を遂げている。それにともない、日中間の貿易も急増している。

鉄鋼メーカーや機械メーカーといった重厚長大型産業が恩恵を受けているが、同時に、製品や部品を運ぶ海運会社までもが潤っているほどだ。当然、商社も海運会社も中国への船便を増やしたし、冷凍船の就航も視野に入れている。

中国の経済成長は「地の利」だけでなく、「天の時」も適っている。それは、日本の製造業が、続々と中国に生産拠点を置いたからである。

バブル崩壊後、日本はデフレに陥った。商品は品質が良いうえに、値段も安くなければ売れなくなっている。

例えば、吉野家の牛丼は数十年前には三百円で、その後、三百八十円となり、一時期は二百八十円まで価格を下げた。百円だったマクドナルドのハンバーガーは、六十九円に値下げしたこともあった。家具や家電製品は、三十年前と同じ値段にまで安くなっている。紳士服もワイシャツも同じだ。

同じものでも、二十五年前に買ったものより、今のほうが安く買える。もちろん、公共料金は上がり続けているが、所得は三十年前と比べると、二倍から三倍になっている。ところが、物価は、三十年前の価格に逆戻りしているのである。当然、食品メーカーもアパレル産業も家具業界も、困難な状況に置かれている。

衝撃を受けた欧米での経験

わたしは、七十年の人生のなかで、さまざまな事柄から、人生について、商いについて学んできた。一九七〇年（昭和四十五年）には、冷凍食品の先進国である欧米からは学ぶことがたくさんあると思い、旅行会社の企画した欧米のコールドチェーン視察旅行に参加したのだが、ここで得た経験は、想像以上のものを加ト吉にもたらしてくれた。

西ドイツから始まり、イギリス、フランス、デンマーク、オランダ、イタリア、そしてアメリカをまわり、各国の冷凍食品工場を見学する、というのが視察旅行の内容だった。

しかし、西ドイツでもイギリスでも、冷凍食品工場の見学はなく、スーパーの冷凍食品売り場や、包装資材の展示場を案内されるだけだった。わたしは、ひとりスーパーで買ってきた冷凍食品をホテルの部屋で分析したり、観察したり、写真を撮ったりしたが、それだけでは意味がない。添乗員に苦言を呈してもラチが明かないので、フランスでは別途自費を払い、日本語のできるガイドを雇って、フランス人の一般家庭に案内してもらい、冷凍食品の利用頻度や調理方法を見せてもらった。

フランスでの冷凍食品事情を実際に見て思ったのは、「冷凍食品の普及は進んでいるが、日本もいずれこうなるだろう」ということだった。フランスの現状は、冷凍食品の将来性を確信するものだった。

「アメリカの冷凍食品工場を見学できるよう、三菱商事に連絡をしてくれ」

最後の視察国アメリカ・ニューヨークに着くと、まず会社にこう電話をした。加卜吉は、三菱商事から水産原料を購入しており、付き合いがあったのだ。会社からの返事を待っていると、三菱商事のロスアンゼルス支店（当時）の山本恒和氏が、冷凍食品工場を案内してくれる、という連絡がきた。わたしは、次はハワイに行くというツアーの一行からはずれ、ロスアンゼルスへ向かった。

山本氏が案内してくれたのは、日系二世が経営する「フィッシュキング魚類冷凍加工」という会社の工場だった。

わたしは、工場を見学して驚いた。製造工程のほとんどが機械化されていたのだ。しかも、そこで働く工員の日給を当時のレートで計算すると、約五千円だった。当時、日本は日給千円というのが相場であった。しかし、いずれ日本も高賃金になることは見えていた。きたるべき高賃金時代に備えるためにも、工場を機械化する必要性を実感した。

当初の予定を変更し、最先端の機械化工場を設立

視察旅行に出る前、観音寺と多度津の間にある高瀬町の国道十一号線沿いに、五千平方メートルの土地を新工場設立のために確保していた。しかし、アメリカでの冷凍食品工場を視察して、工場を機械化するためには、五千平方メートルの土地では狭すぎる、という結論に達した。そこで帰国後、その高瀬町の土地を売り、山本町に土地を買った。国道から離れているため地価が低く、高瀬町に購入した土地と同じ価格で、三倍の広さの土地を買うことができた。

そして一九七一年（昭和四十六年）、発想から二年弱、「有言即行」を実践し、日産の冷凍能力三十トン、保管能力六百トンという、大規模工場を完成させた。この山本工場は、当時の先端技術を盛り込んだ最新鋭の工場だった。完成した工場を見た社員は「こんなに大きな工場を造って大丈夫だろうか……」と心配していたそうだが、その不安も杞憂《きゆう》に終わ

り、一九七六年（昭和五十一年）には工場の増設を迫られる状況であった。

山本工場は、加ト吉の主力工場として、シューマイ、コロッケ、から揚げなど、さまざまな商品を生み出していった。また、この山本工場の誕生は、水産の冷凍調理品が中心であった加ト吉を、総合冷凍食品メーカーへと躍進させることとなった。これは、加ト吉の売上高の推移に如実に表れている。

山本工場が本格的に稼動するようになったのは、完成年度の翌年、一九七二年（昭和四十七年）からだが、この年の売上高は七十八億五千万円だった。前年度の売上高五十六億九千万円と比較しても、大幅な伸びを示している。そして、一九七三年（昭和四十八年）は、売上高百二十二億八千万円と、さらに売上げを伸ばした。

しかし、最新鋭の設備を備えた山本工場であるが、エビフライやカキフライといった加ト吉の主力商品はつくらなかった。これは、エビフライやカキフライの製造工程が、機械化にそぐわなかったためである。エビフライであれば、エビの殻剥き、カキフライであれば衣付けといった作業は、手作業でなければならない。

逆に商品によっては、機械化で、量産、コスト削減が大幅に可能となるものがある。山本工場では、そういった機械化で生産できる商品を中心に製造し、総合冷凍食品メーカーとしての基盤を作っていったのだ。

脳裏に焼きついたアメリカのボウリング場

アメリカ滞在中、何の気なしにボウリング場に立ち寄ってみた。日本では、ボウリングブームで、どこのボウリング場も満員。数時間待たなければプレーできない、といった状況だった。しかし、アメリカで訪れたボウリング場は、閑散としていた。わたしは、「なぜ、客が少ないのか」と支配人を呼んで聞いてみた。すると、「アメリカではボウリングブームは過ぎ、客足が三、四割落ちている」とのことだった。

当時、商社からボウリング場の経営を勧められ、観音寺市内でボウリング場を建設する予定であった。建物の設計図までできていたのだが、アメリカから帰ったわたしは、ボウリング場の設立に踏み切ることができなかった。アメリカのボウリング場の閑散とした様子が、頭から離れなかったのだ。

だが、それは正しい選択だった。間もなく、日本でもアメリカと同様の事態が起こり、ボウリング場は次々と閉鎖に追い込まれたのだ。

しかし、この事態も加卜吉にとっては追い風となった。加卜吉はそのボウリング場の跡地を買うことで、倉庫業務を行う加卜吉物流、本社、丸亀グランドホテルといった施設をつくり、事業を拡大していった。また、余談であるが、廃棄処分するはずのボウリング場のレーンが商社に売れるなど、副産物も生むこととなった。

アメリカへは、冷凍食品の視察旅行で出かけたわけだが、思いもかけぬ大きな収穫を得ることとなった。

生産性の向上、経営の合理化のためには、製造工程を機械化する必要があること。そして、それには広い工業用地が必要であることを学んだ。そして、一時的な流行であったボウリング場経営をしない、という経営判断をすることができた。

常に学ぼうという精神があれば、物事すべてから学ぶことができるのだ

中国の内陸部に住む人々に海の魚を届けたい

今、加ト吉は、海外で生産した商品を国内で販売しているが、これだけではグローバル化が完成したとはいえない。中国では毎年九%を超える経済成長が続き、沿岸部では東京と変わらないほどの発展ぶりを見せている。これからは、中国で生産した冷凍食品を中国国内でも販売する時代に差し掛かっている。

中国、もっと正確にいえば内陸部の一般家庭でも、ギョウザやシュウマイなどの冷凍食品は、すでに食卓に並べられるようになっている。だが、そうは言っても、まだ粉文化か

らくる商品が主流で、水産物加工の冷凍食品は、普及していない。

もっとも、中国もこれから国民の所得が上がり、生活が豊かになってくると、欧米がそうであったように、冷凍食品の需要は急速に拡大するだろう。

中国はまだ国民の所得が低いため、食事にかける時間が長い。しかし、賃金が上がり、生活が忙しくなってくると、冷凍食品を使うようになるし、レストランなどで外食する機会も増えてくる。上海の空港も、青島の空港も、沿岸部の都市のレストランでは、すでに加ト吉の冷凍食品を使っている。スピードが要求されるようになると、自ずと冷凍食品の需要は増えてくるのだ。

また、豊かになると健康への意識も高まり、魚の需要もさらに伸びると、わたしは読んでいる。

加ト吉が、冷凍食品企業としての道を歩み始めたのが一九六二年（昭和三十七年）、赤エビのフライを販売した年である。冷凍食品は、日本の高度成長と共に売上げもぐんぐん伸びていった。

『もはや戦後ではない』――。経済白書が、こう高らかにうたったのは一九五六年（昭和三十一年）であった。

敗戦の痛手から立ち直った日本は、勤勉な国民性を発揮し、一人ひとりが懸命に働き、経済は順調に発展していった。欧米諸国もこの日本の経済発展には目を見張った。

折しも一九六四年（昭和三十九年）には東京オリンピックが開催され、日本も自信をつけてきていた。加ト吉が冷凍食品を事業の中心に据える発端となった「エビフライ」も、高度成長で人手不足になった日本社会のニーズに合致し、ヒット商品になった。

歌は世につれ、世は歌につれ……と言うが、〝商品も世につれ、世も商品につれ〟なのである。「いかに世の中のニーズをつかむか」「消費者のみなさんは一体、どういった商品を待ち望んでおられるのか」を真摯《しんし》な態度で追求し、消費者のみなさんに接していくことが大事である。

エビフライのヒットは、商品を提供する側と商品を購買する側との関係をしっかりと築き上げることが、事業を進めていく上で非常に大切だということを痛感するきっかけとなった。

その後、アメリカへの視察旅行を機に、わたしは加ト吉を冷凍食品企業として歩ませていきたい、という思いを一層強くした。

アメリカでは、沿岸から離れたシカゴやデンバーといった内陸部のスーパーでも、海の魚が売られていた。冷凍食品を冷凍車で運ぶというコールドチェーンの整備をし、沿岸部で水揚げされた海の魚を冷凍して内陸部に運び販売する、ということを、アメリカはすでに行っていたのである。

当時の加ト吉は、冷凍食品を神戸や関西あたりまでしか運べなかった。だが、アメリカの現状を目の当たりにして、わたしは冷凍食品の可能性の大きさを実感した。

「なるほど。コールドチェーン網をつくれば、東京からさらに北の青森や北海道まで、全国に冷凍食品を販売できる」

そう思いつき、加ト吉の事業の参考にした経験があるのだ。今度は、その経験を中国で活かそうと考えたのである。

二〇〇四年（平成十六年）、わたしは団体旅行で西安へ行った。同行したメンバー全員、ギョウザが美味しいと評判の店に出かけた日があるのだが、わたしは、その日、ひとりガイドさんに頼んで、西安の市場に連れて行ってもらった。

上海から離れて中国の内陸部に入ると、大きなスーパーがない。しかし、スーパーがなくても、市場はあるはず。そこで、市場では、どういう魚が売られ、どういう魚が好まれているのか、見に行きたかったのである。

市場は野菜、果物から始まり、鶏肉、牛肉、豚肉と続き、一番奥に水産物が置いてあった。ところが、市場に並べられているのは、コイやナマズ、ドジョウ、ザリガニといった淡水魚ばかりだった。海岸から二千二百キロも離れた内陸では、海の魚を運べず、食材に使われるのは淡水魚なのである。

ここに二千キロ離れた、われわれの生産拠点がある浙江省舟山の工場から海の魚を持ち込めば、喜ばれるだろうし、売れるはずである。

西安や重慶のような内陸部の人々は、まだ海の魚を食べていない。中国十三億の人口のうち、沿岸部に住むのは四億人で、残りの九億人の人たちは奥地に住んでいる。この九億人のうち七億の人々は、海の魚を食べたことがないといわれている。近い将来、そういう人たちに海の魚を提供するのが、目下の夢である。

欧米市場へも魚を供給

中国だけではない。欧米ではヘルシーさが受け、日本食の人気が高まっている。特に寿司は人気が高い。加ト吉も、中国の十工場を、世界を視野に入れた水産加工品の生産拠点にすれば、欧米への輸出も拡大できる。

二〇〇五年（平成十七年）、新日本グローバルという水産物専門商社に資本参加し、業務提携を結んだのも、欧米市場拡大の布石である。

新日本グローバルは、アラスカ、カナダ、チリ、北欧及びロシア産のサケ、マス、カニ、銀ダラ、ニシン、魚卵の北洋魚のほか、アジ、サバ、シシャモ等の青物魚も扱っている。しかも、中国の大連には自社の水産加工工場を持ち、タイには委託の加工工場を備え、欧米に輸出している。加えて、コンピュータのデータ処理やソフトウエアの開発・販売も手掛け、大連には「大連新恵和軟件発展有限公司」を設立し、IT産業にも力を入れている有望企業だ。

中でも商社だけに、欧米や中国、東南アジアに販売網を持っている強みがある。新日本グローバルが加ト吉グループに入ったのを機に、加ト吉の冷凍食品を新日本グローバルの販売網でヨーロッパ、北米で販売し、同時に新日本グローバルの水産物を、加ト吉の国内販売網に乗せていく。

二〇〇六年（平成十八年）三月には、サワラやサバを中心とした魚類を、欧州、中国、日本に製造販売をしている中国の舟山港明食品と業務提携した。加ト吉のグローバル化に向けて、生産の効率化、そして中国、欧米などへの販売チャンネルの多様化を図るためである。

舟山港明食品には、加ト吉グループが四五％資本参加もしている。新日本グローバルとの提携も含め、舟山港明食品との提携は、生産・販売体制を一体化させ、加ト吉のグローバル化の基盤を整備させ、さらなる相乗効果を期待できるものといえる。

6章

厳しいM&A時代を生き抜く

――人を大切にし、創造し続ける経営――

「連結の時代」を迎えて、わたしたちのM&Aの進め方

「連結の時代」が到来し、グループ経営が注目されるようになってきた。日本の上場企業の決算も連結決算で表示されるようになった。

経営の実をさらに上げるために、企業提携は今後も増えていくだろう。時代のスピードが速く、自分一人の力で経営資源を開拓して行くにはどうしても時間がかかり、十二分に対応できない。そこで、他の企業との提携や合併といった手法が注目されてくる。

二〇〇五年（平成十七年）は、放送とネットの融合が叫ばれ、ライブドアがフジテレビジョンの当時親会社であったニッポン放送株を大量に取得し、M&A（企業の合併・買収）に乗り出して話題になった。同年末には、楽天がTBS（東京放送）の株を取得し、経営統合を申し入れ、双方で神経戦が展開されるなど、M&Aのあり方をめぐり大きな論議を呼んだ。

だが、わたしたちは、わたしたちの基本哲学で、M&Aを進めていく。

これまでも述べてきたように、わたしたちは数々のM&Aを手掛けてきたが、すべて友好的に話をまとめてきた。加ト吉は、資本提供をすることにより、企業を強くし、その企業を、さらに発展させていく。

わたしたちのM&Aは、決して敵対的買収ではない。相手の意志を無視して資本の力でねじ伏せるような敵対的買収は、やっていいことはないと思っている。それよりも、一緒になって、共にやっていく。もっといえば、資本提携先の企業の人たちに思う存分活躍してもらい、今まで以上にやりがいのある仕事をしてもらう、というやり方である。

新しく加ト吉グループに参加してもらう場合、そこで働く社員の人たちは、そのまま残り頑張ってもらう。それまでの経営者も、よほどのミスや失敗がないかぎり、そのまま続けて采配をふるってもらうことにしている。そのほうが雇用に対する不安もなく、安心して働いてもらえるし、経営者と社員が一体となって仕事に取り組んでくれるからである。

人は主体性を持って仕事に臨んだほうが、生き生きとするものである。わたしは、それを体験してきている。

M&Aを行った企業を成長させ、上場し、連結に入れていくことが、企業が強くなるために必要なことだ、とわたしは思っている。

二〇〇〇年（平成十二年）資本提携した関西の冷凍食品メーカーの「ユニチカ三幸」は、その後、ケイエス冷凍食品と社名を変更し、二〇〇六年（平成十八年）三月、名古屋証券取引所の第二部に上場した。

また、和風居酒屋チェーン「村さ来」は、若者のみならず熟年のビジネスマンにも人気を博している。あるとき、創業オーナーと話をして、加ト吉が資本提携させてもらうことになったのだが、今は加ト吉グループの一員として活躍してくれている。

二〇〇二年（平成十四年）ダイエーから引き継いだ英国風パブ「ハブ」も、二〇〇六年（平成十八年）四月、大阪証券取引所ヘラクレスに上場を果たした。

わたしがうれしいのは、こうして上場を果たすほど、社員みんなが一丸となって頑張ってくれていることである。「やればできる」ということを、社員が証明してくれている。

前向きな社員と、これからも共にやっていく。

わたしたちは今後も、潜在能力のある企業に資本を入れて、利益を上げる構造をつくっていきたい。このほうが、われわれにとっても、相手企業にとっても、良いことだと思うのである。

繰り返しになるが、M&Aの要諦は、提携することによって、より強さを発揮することにある。

わたしたちは経営目標に向かって、着実に進んでいきたい。その際、わたしたちの経営資源だけでは不十分という場合に、事業提携を展開していく。つまり、〝足らざるは補う〟という相互補完の形で、一足す一が三になり、四の効果を生みだすような提携をしていきたいのである。

加ト吉グループは、現在、国内の連結対象が二十社、そうでないところを入れて三十社になるが、あくまでも、「人」を大切にした経営を展開していきたい。「人」が、加ト吉グループを成長、発展させていくと確信している。

事業提携やM&Aの具体的な成果

以上述べたことが、わたしたちの事業提携やM&Aに対しての基本的な考え方である。次に、提携やM&Aの具体例を挙げておこう。

二〇〇〇年（平成十二年）四月、関西の冷凍食品メーカーの「ユニチカ三幸」（現・ケイエス冷凍食品）を買収したことを皮切りに、加ト吉のグループ企業の再編、集約に着手した。同年五月には、韓国の大手食品企業「農心」と包括的業務提携を結び、原料の調達や商品の共同開発などを始め、同年十月には、日本たばこ産業（JT）との業務提携もまとまった。

現在、JTは加ト吉の発行済み株式の五％を取得する大株主になっている。JTの人材が加ト吉の取締役に就任するなど、役員クラスの人材派遣も行っている。

当面は、JTの加工食品分野において、加ト吉が生産面を請け負う形をとるが、JTの開発した商品を加ト吉が製造することで、われわれの工場の稼働率が上がることは大きなメリットになっている。

しかし、それだけにとどまらず、今後はさらなる提携の拡大も考えている。

JTは国内外において、強力な営業力、販売力、開発力を持っている。わたしは、加ト吉の冷凍食品の事業展開に絶対的な自信を持っている。この両社の強みを合わせることで、よりグローバルな事業への進出が可能となった。これまで培った加ト吉の製造ノウハウを活かし、JTの組織力で、世界的な冷凍食品企業を視野に入れて、進んでいくつもりである。

さらに、二〇〇四年（平成十六年）には、再建を引き受けるかたちで、カネボウの即席麺工場を取得した。約五十人の従業員もすべて引き継ぎ、ノンフライ麺事業への参入を果たした。このカネボウ工場には、全盛期六十億円を上げた製造ラインがある。現在は、健康ニーズに対応したノンフライ即席麺をつくっているが、初年度の売上げは三十億円であった。売上げは、その後も二桁増で好調に伸びている。近いうちに売上げ七十億円にすることを目標にしている。

こうして、加ト吉グループを強化し、相乗効果の得られるM&Aを行ってきた。これまで手掛けた主なM&Aには、次のようなものがある。

・キング食品（一九九一年／平成三年、資本提携。本社広島県福山市。畜肉・魚肉加工などの製造販売会社）
・光陽製菓　現光陽（一九九二年／平成四年、資本および業務提携。本社愛知県豊橋市。ゼリー菓子、冷凍食品の製造会社）
・村さ来（一九九四年／平成六年、加ト吉関連グループに。本社東京都中央区築地。和風居酒屋。二〇〇〇年／平成十二年、関西稲ぎくを合併）
・グリーンフーズ（一九九七年／平成九年、増資とともに、加ト吉グループ傘下に。本社大阪府大阪市。あなご・うなぎの加工、卸販売会社）
・ハブ（二〇〇二年／平成十四年、資本提携。本社東京都足立区。元ダイエー所有の英国風パブ経営会社）
・川万水産（二〇〇五年／平成十七年、資本提携。本社茨城県ひたちなか市。水産チルド製品の卸販売会社）
・新日本グローバル（二〇〇五年／平成十七年、資本および業務提携。本社東京都中央区。水産物専門商社）

・舟山港明食品（二〇〇六年／平成十八年、資本および業務提携。本社中国浙江省舟山市。サワラやサバを中心とした骨なし魚などの製造販売会社）

地域振興のために手掛けた経営再建

わたしたちは、加ト吉の業務拡大だけでなく、地域の活性化といった側面の手伝いも行ってきた。

二〇〇二年（平成十四年）に出資した琴平電鉄、二〇〇三年（平成十五年）事業を継承することになったレオマワールドなどは、地域振興、地域再生のための側面が強い。

電車という交通手段がなくなれば、人の流れも少なくなり、消費活動も少なくなる。これでは、香川県の発展は止まってしまう。また、県民を県外に送るのではなく、県内で楽しめる場所を提供しなくては、地域の内需は一向に拡大しない。地域振興のためには、県外から観光客を呼び込むような事業の創出が必要だ。わたしが、琴平電鉄やレオマワールドに資本を投入したのも、そういった理由からである。

また、再生案件としては、京樽への資本参加も挙げられる。

一九九七年（平成九年）京樽は会社更生法の適用を申請したのだが、そのとき加ト吉は、コメと寿司ネタに力を入れていこうという時期だった。その関係で、わたしのところに再建の話がきて、引き受けることとなった。

ライバルの大手企業が何社か手を挙げたが、裁判所は加ト吉をスポンサーにする決定を下したのである。

しかし、加ト吉は四国には人材が抱負にいるものの、東京には人が少なかった。そのため、わたし一人が乗り込んで、あとは、商社を退職した人物に手伝ってもらい再建業務に携わっていた。わたしは管財人として、四十回は裁判所に通った。そして、早期に事業を再生させるため、一九九九年（平成十一年）、会社更生を経験している吉野家ディー・アンド・シーの安部修仁社長に協力をお願いすることにした。

京樽は、二〇一五年（平成二十七年）を目標とした再建を、十三年も前倒しした二〇〇二年（平成十四年）に、成し遂げた。そして、二〇〇五年（平成十七年）九月にはジャスダックに再上場を果たした。現在、京樽は吉野家ディー・アンド・シーの傘下に入り、さらなる成長を遂げている。

わたしたちは、香川県のテーマパーク・レオマワールドの再建も引き受けたが、十分再建できると感じた理由は、まず、あれだけ大きな施設を十一億七千万円の投資で引き受けられたからだった。

テーマパークを分割して専門業者にまかせる。そうすれば、各専門業者が責任をもって仕事に取り組み、きちんと運営してくれるはずだ、と考えた。そこで、おもちゃ王国社長の高谷茂男氏に、「ニューレオマワールドで、遊園地をやらないか」、と話をもちかけた。

そのほか、テーマパークの中にあるお土産屋とレストランは、地元で家業を営む人たちに入ってもらった。動物園は、旧レオマワールドのときから動物園を管理していた人にまかせた。そして、ホテルは、加卜吉のグループ会社が経営する観光ホテル「琴参閣」(香川県琴平町)からスタッフを連れてくるという具合に、各事業をそれぞれの専門業者にまかせた。

お土産屋やレストランにしても、家業が入っているので、小回りのきく経営をしている。観光地にはシーズン性があり、混雑するときと、そうでないときがある。人手の少ない平日は少人数で運営し、混雑する週末は人手を増やす。家業なら家族の間で人手の調整がつくのである。社員ではローテーションを組まなければならないが、家業の場合は融通がきくし、自分たちのことだから、責任感を強くもって一所懸命に仕事をする。

このように、加卜吉は本社が四国ということもあり、四国を中心に企業や施設のM&Aを行ってきた。四国で生まれ育ち、四国から離れられない、という人も多い。その中の優秀な人材の要望と、われわれの資本と商売をうまく融合させていく。

加ト吉の買収先ではすべて、従業員を引き受けているが、それは、加ト吉グループ全体の人材の質の向上にもつながっている。そして、再生した会社、買収した会社を上場させることで、新たに優秀な人材を採用していく。

たとえ、再建の道を歩む会社で働いていたとしても、今まで以上にやりがいのある仕事、責任感を持って仕事をできる環境を与えれば、人間は能力を発揮する。

仮に、三人でやっていた仕事を二人でやり、かつ成績を上げなくてはいけない状況であったら、さまざまな工夫が必要になる。そのなかで、知恵を出し実績が出てくれれば、自分の仕事が好きになる。仕事が好きになれば、さらにそこから工夫が生まれてくるし、好きだから、仕事も苦にならないのである。

高齢化社会に備えた介護食

「本当にやわらかくて食べやすいし、おいしい」――。お年寄りの人たちから、こんな評判をいただいているのが介護食である。

加ト吉は、一九九〇年代後半から、病院や老人施設向けの食事の製造販売も始めている。そして、介護保険制度の導入を機に、二〇〇〇年（平成十二年）四月、介護食市場に、本格的に参入することとなった。

介護食は、食物を噛む力である咀嚼《そしゃく》力や噛んだ食物を胃腸に送り込む燕下《えんげ》力のおちた高齢者でも、おいしく食事ができるよう、具を小さくカットし、噛まずにくだけるやわらかさにするなどの工夫がされている。また、素材を活かした味付け、低カロリーで胃にやさしく、保存料も一切使用していない、といったこだわりをもって、製造している。

この「介護食シリーズ」は、参入当初、冷凍のみだったが、二〇〇一年（平成十三年）からはレトルトの商品も発売し、二本柱体制で販売している。肉ジャガやカレーといった定番から、大根と豚肉の煮付けなど、バリエーション豊かな商品を提供している。

二〇〇二年（平成十四年）からは、「骨抜き魚」という商品を発売し、好評を得ている。魚料理の好きな高齢者は多いが、骨がうまくとれず、敬遠してしまうことも多い。しかし、この「骨抜き魚」は、名前のとおり骨が抜いてあるので非常に食べやすい。サバの塩焼きやカレイの煮付けなど、和風の味付けも喜ばれている。

この事業を始めたきっかけも、これから伸びる市場であると同時に、社会貢献をしたいという気持ちがあったからである。この「介護食シリーズ」で、介護が必要な人でも、食事の楽しみが広がれば幸いである。

「おいしい」味を求め続けて

すでにシェア五〇%近くを占めている冷凍うどんにおいても、絶え間ない味の研究を続けている。

おいしいうどんをつくるには何が重要かというと、調理するときの釜の大きさといえる。

大きい釜で沸騰させたお湯に、うどんを泳がすようにしてゆでる。そして、それを素早く水で洗い、引き締める。釜が小さかったら、ゆで時間が十五分程かかるが、大きな釜だったら、十分でおいしいうどんがゆで上がる。

同じうどんでも、ゆで方によって、味は大きく変わってくる。以前、居酒屋でうどんを四人前注文し、おいしかったので、もう一人前、追加で注文したのだが、「これは同じものか」と思うほど、味が落ちていた。

米は、大きな釜でたくさん炊くほうがおいしく炊ける。うどんも同じで、大きな釜でゆでるほうが、お湯の温度が下がらないので、おいしくゆで上がる。

うどんのおいしさは、コシにある。そのコシが、大きな鍋でゆでることで出てくるのだ。このように、おいしい味を引き出すには、その食材ごとに一つひとつ、工夫や知恵が要求される。

加ト吉の冷凍うどんも、「鍋に入れていくらゆでても、コシがある」点が、お客さまに喜ばれている。それに加え、生のうどんは、ゆでるのに十二分ほどかかるが、冷凍だったら二分で済む。この手軽さも、受けている。

また、ニューレオマワールドに、うどん工場を併設したお土産屋を出店したのだが、そこでは、実際にうどんができる過程を見られるようにして、できたてのうどんをお土産として販売している。お客様に、食を目で楽しんでもらうようにしたのである。

地域による味付けの違いや、好みの違いに合わせた商品づくりも大切にしている。

讃岐うどんは、もともと煮干しをふんだんに使ったダシを使っているのだが、加ト吉のグループ会社である居酒屋「村さ来」では、関東の店なら関東の人に合わせたダシ、関西の店なら関西の人に合わせたダシを使っている。出身地によって、味付けに違いがある。そういった点も考慮して、商品を開発しているのだ。

こういった地域性や消費者ニーズをつかみ、ちょっとした工夫をすることで、売上げは大きく左右される。中国、台湾など海外へ行っても、わたしや副社長は積極的に現地の商品を買って帰り、みんなを集めて試食をし、商品開発に活かしている。

こういった試食を通じ、無菌包装米飯を温める場合、台湾だったら電子レンジで九十秒、日本の場合は電子レンジで二分かかることなどがわかってくる。これは、電子レンジの違いによるものだが、それ以外にも各国の事情や電化製品の規格といったことも、見えてくるのである。

電子レンジは、一段になっているので、夫婦二人分のごはんを温めるのに、まずは二分間一人分を温め、その後、さらに二分かけてもう一人分を温めなくてはいけない。これでは合計で四分かかってしまうし、二回に分けて温めなくてはいけないのは面倒である。

そこでわたしは、二人分を一度に調理できるよう、三洋電機と提携している中国のハイアールに、二段式の電子レンジを製造できるか話をもちかけてみた。残念ながら、起動電流の関係で、商品化できないとの回答だったが、二段の電子レンジができたら、二人分を一度に調理できるだけでなく、下にごはんを入れて、上はカレーや煮物など、一度で複数の料理を調理できるようになり、非常に便利だと考えている。シャープも水蒸気で温める電子レンジを開発した。このように調理機器の進歩に合わせて、商品もまた変わっていく。

商売をやっている者は、こういったさまざまな変化やニーズをつかんで、チャレンジしていくことが要求されている。

加ト吉独自の理念で形成されたフローズン・フーズタウン

以前は、物流コストや消費者ニーズをすばやくつかむためにも、巨大消費地の近くに生産拠点をつくることが有利とされていた。だが、観音寺を中心に工場を設立するには理由があった。働きたい、という主婦のニーズに応え、かつ海産物の扱いに慣れた主婦の力を借りる必要があったのだ。

「フローズン・フーズタウン」とは、世界的に権威のあるアメリカの冷凍食品専門誌『クイック・フローズンフーズ』が、加ト吉を紹介する際に用いた言葉で、その合理性において、内外からの評価も高い。

タウンという言葉が使われているのは、観音寺市内に、加ト吉の工場、物流拠点のみならず、加ト吉の関連会社が多数あり、ひとつの企業城下町を築いている、といっても過言でない状況になっているからである。

加ト吉は、創業以来、地域との共生を目指してきた。これが、フローズン・フーズタウンという形で実現できたのも、非常にうれしいことだと思っている。今後も、より効率的な体制を求め、工場の新設、再配置、再構築といった取り組みを進めていく次第である。

そして現在は、この日本で培ったノウハウを海外で活かしていくべく、中国のフローズン・フーズタウンづくりに力を入れている。

仕事をまかせることで、責任感が生まれる

冷凍食品は、一般消費者にとっても、なくてはならない存在となった。市場の拡大にともなって、冷凍食品事業に参入するメーカーも増えた。しかし、冷凍食品の上位メーカーで、専業といえるのは、加ト吉だけである。

主力事業と、多事業のなかの一つの事業とでは、意味合いも異なる。加ト吉の工場が、工場ごとに生産商品を限定しているのも、味や品質を最上級に保つためである。専属のスタッフが生産の第一線に係わることで、よりよい商品の追求をしている。工場には最新鋭のオートメーション設備が導入されているが、こういった投資ができるのも、冷凍食品が加ト吉の主力事業だからである。

加ト吉は、国内に八つの直営工場を持っているが、各工場は独立採算で運営を行っている。工場に限らず、営業や仕入れといった各部門やホテルなど、全事業部も、同様に独立採算性を取っている。前年の成績を、超えなければいけないスコアと考え、それを超えるための努力を促している。このように、能力のある者に運営をまかせることで、危機感や

創意工夫が生まれてくる。

人は環境によって変わる。その環境をつくるのがリーダーの役目である。「頑張れば報われる」、「頑張ることが自分のため、会社のため、地域のためになる」。そうやって、「常に頑張らなければいけない」と社員が思うような環境をつくることが、経営者の重要な責務なのである。

例えば、工場では電気がストップすることが、大きなリスクになる。商品がつくれなくなってしまうからだ。

そのため、万が一に備えて、工場で使用する電力の半分を自家発電できるようにしている。ただ、それ以上の電力の確保が難しい。だから、ある工場長は、「停電になったら、その分のロスを電力会社に補償してほしい」、と何度も電力会社に交渉に行っている。

しかし、ただ補償を乞うだけではなく、「一分あたり、いくつの商品ができる。つまり、何分電気が止まったら、これだけのロスが出る」と、具体的に計算して、数字を見せて交渉している。現実には、まだ補償はしてもらえていない状況だが、工場長が、どれだけ責任感をもって仕事をしているか、おわかりいただけるだろう。

独立採算体制をとっているため、数字的な部分も、すべてその部の長に任せている。数字はすべての結果であるから、言い訳ではなく、結果を見せてほしいと伝えている。そのため責任者は、経営者の視点ですべてを見るようになっている。シビアに数字を見ているし、交渉事も自分で行う。この体制は、これからの加ト吉を担う人材を育成するためにも、重要な意味を持っている。

しかし、ときには、どうやって利益を上げればいいのか、悩んでいる者もいる。そういうときは、「難しく考えることはない。売上げが上がらなければ、コストを削減すればいい」と言っている。すると、社員も、「そうか」と納得する。業績が低迷してくると、頭が固くなって、どうしていいかわからなくなることもある。社員が悩んでいるときは、アドバイスをして、対策をとれるよう指導している。

わたしは、仕事が好きで仕方がない。だから、仕事がつらいと思ったことは、一度もない。社員にも、仕事を好きになって、いい仕事をしてほしい。そのためにも、社員の能力が発揮できる環境をつくっていきたい。

徹底した安全・衛生管理を実現

「半導体の生産工場に入っていくような雰囲気ですね」――。

加ト吉の食品工場を訪問した人の感想である。万全の衛生管理を心掛け、工場では、手洗いなどの基本事項はもとより、従業員は、白衣、帽子、マスクを付け、その後、粘着テープで表面のゴミをとり、さらにエアシャワーの吹く個室に入り、ゴミを吹き飛ばしてから、工場内に入る。つくりたての商品を瞬間冷凍して鮮度を保つため、工場内は室温が低い。

工場内に一歩足を踏み入れると、機械の音が聞こえてくる。最先端の設備を導入しているため、製造過程はほとんど全自動で行われるのだ。これは、コスト削減という面だけでなく、不純物の混入を防ぐことにもつながっている。

しかし、品質確認は、機械と人間の双方でチェックしている。食に携わる企業として、安全・安心の保証は企業の使命である。そのための管理やチェックは、けっして怠らない。

まず原料から、人間の目でチェックする。そして、調理され、容器に入れる前にも、人間の目を通して、異物の混入、容量の不良などをチェックする。そして、その後、金属探知器などで、再度、異物の確認を行う。

例えば、うどんの場合は、人間による目視、金属探知器による検査が三回、そして、X線によるチェックを行っている。

人間によるチェックを行っているのは、いくら機械の性能がアップしたとしても、まだまだ人間の能力に追いつかない部分があるからだ。一ライン、だいたい三・五人体制で商品を製造しているが、そのほとんどが、このチェック業務を行う要員という構成になっている。

品質チェックだけでなく、製造の過程でも、おいしさを追求するために、人間の手で加工する部分も残している。機械に頼りすぎず、人間の手が必要な部分は、それに応じた対応をしている。

各工場で生産される商品は、製造から包装、段ボール箱への梱包まで、基本的に全自動で行われる。そして、段ボール詰めされた商品は、バーコードで分別され、配送センターである、加ト吉フードレックに送られる。

加ト吉フードレックとは、一九九三年（平成五年）に新設された物流拠点である。フローズン・フーズタウン内でつくられた商品は、ここに一括して集められる。フードレックの立体冷凍倉庫は自動制御されていて、早く収めたものから、順に出荷されるようになっている。一括管理のため、在庫の管理もしやすく、コストも安く済む。

フードレックでは、総勢八十八名が働いており、そのうち七十六名が在庫管理や配送準備といった物流業務を担当している。また、残りの十二名のうち六名は、併設された無菌パックのご飯の製造を行っている。二名が機械操作員で、四名が商品の品質検査員という分担だ。

また、工場では月に一回、持ち回り会議を開き、各々の工場を見学して、良いところ悪いところを指摘したり、機械の新しい技術を勉強したりするなど、常に工場をより良くする努力をしている。現状に満足しては、会社は成長しない。現場にも、「常に学びの精神」を浸透させている。

香川県のフローズン・フーズタウンでつくられた加ト吉の商品は、ここ加ト吉フードレック に集められ、全国に配送される

十の能力を出し惜しみする人物より、七の能力を出し切る人物を評価する

同じ人でも、環境によって考え方が変わってくる。中国も、十五年前は社会主義国家で、国民はビジネスをすることができなかった。鄧小平元総書記が「自留地」という農地を農家に与え、その土地でつくったものは、自分で食べても、誰かに売ってもよいことにした。こうして、中国の市場経済は始まっていった。

十五年前までは、中国へ行ったら、街角で菓子を売っているのも公務員だった。わたしが十四年前に中国の観光地を訪れたとき、ジュースやコーラを売っている人は微笑みもしないし、「これ、どうですか」と勧めもしなかった。しかし、それから五、六《メートル》離れたところで、自分のつくったイチゴを売っている人は、わたしの顔を見た瞬間に、イチゴを出して、「これ、甘いよ。おいしいよ」といって勧めてきた。

そのふたりは両方とも、二十歳ぐらいの若い女性だったが、前者は公社か役所の人、後者は家業の農家を手伝っている人だった。「商品を売れば、自分の稼ぎになる」。この意識があるだけで、同じ国民でも、これだけ変わる。

しかし、これは企業経営にも通じることである。ます、自分自身の問題であると考えることが、なによりも重要だ。

わたしが行商をしていたのは、戦後の貧しい時代であったが、わたしだけでなく、他にも幼いうちから仕事をしているこどもがいた。これは、経験を通じて感じたことだが、大人であろうが、青年、少年であろうが、責任感を持ったら、大人と同等の知恵が出るものだ。しかも、体は小さくても若いから、疲れ知らずでもあった。

わたしは、朝三時半に起きて行商をしていたが、それを今のこどもたちに「やりなさい」といっても、やらないだろう。だが、「頑張れば、報われる」。それが実感できる環境であれば、人は一所懸命、仕事に取り組むものなのだ。

ただ、世の中は、優秀な人ばかりではない。たとえ、優秀な人にかなわないとしても、社員には、今その人にできることをやりきり、最善を尽くしてもらうことが重要だと、わたしは考えている。

結局、企業も家庭も地域社会もすべて、良くなるも悪くなるも、そこにいる「人」の生き方、考え方次第だと思う。企業であれ、自治体であれ、そして政府（国）であれ、すべて「人」によって栄枯盛衰がもたらされる。だからこそ、人づくりが大事になってくる。

わたしは、常に社内外で、こう言ってきた。「七つの能力のある者が、一所懸命仕事をして七つの成果を出したとする。逆に、十の能力のある者が八つの成果を出したとしても、わたしは、『七つの成果』を出した者を評価する」と。

一所懸命に仕事をする者がいれば、それを見ている周囲の者も刺激を受けて懸命に働く。組織全体も、そういう環境になっていく。それが大事なのである。

本来は、企業として「十の能力のある者」を採用しないといけないのだが、人物を評価する場合には、そういう基準で臨むということである。

「人」の持つポテンシャリティ（潜在能力）を引っ張り出すことが、いつの時代でも大切である、ということを強調しておきたい。

7章

健康、観光、信仰の「三コウ」で地域活性化を！

―大都市と地方の格差是正を目指して―

心を豊かにする産業の育成を

日本は資源も少なく、ものづくりにおいても、人件費の高い国である。特別なハイテク技術が必要な産業や、付加価値の高いIT産業などは国際競争力もあるが、衣類や食品などの生活必需品産業や家具や雑貨などの住宅関連産業は、海外と競争した場合、生産コストの面で負けてしまう。一次産業の農業、漁業を含めて、同じことがいえる。

日本にはかつて、こういった生活必需品産業に従事する就労者がたくさんいた。だが、中国などの台頭で、この分野は衰退の一途をたどっている。日本経済の縮小を阻止するためにも、ものづくりの産業に代わる新たな産業が育成されなければいけない。

わたしは、その新しい産業は、心を潤すサービス産業であると考えている。

生活必需品産業の拠点が、日本から中国へ移ることによって、国内の生活必需品産業は淘汰されていった。だが、その一方で、衣類や食品、家具や雑貨などは、生産コストの低い中国で製造され、安価で手に入るようになった。生活そのものにかかるお金は、以前よりも安く済むようになったのである。

着るもの、食べるものなど、生活物資が満たされている今、ものではなく、心を豊かにするサービス産業が求められていると思うのだ。

そこで、わたしは、心を潤すために必要なのは、「健康《ケンコウ》」「観光《カンコウ》」「信仰《シンコウ》」、つまり、「三つのコウ」であると提唱している。

都市部に比べて人も少なく、企業も少ない地方では、このサービス産業の育成が必須である。町おこし、地域おこしでも、わたしはその土地土地のポテンシャリティ（潜在力）を掘り起こしていくことが大事だと考えている。

その意味でも、「健康」「観光」「信仰」のサービス産業は、これからもまだまだ伸びる可能性を秘めている。

心の喜びや楽しみを追い求める時代にあって

今から十五年前の一九九一年（平成三年）と二十年前の一九八六年（昭和六十一年）、米国へ行ったときの話だが、貸し切りバスの運転手が同じ人物だったことがある。その人は女性で、歳もいっていたので「どうして、そんなに頑張るのか」、と聞いてみた。普通だったら、「偶然同じ人に会った」、で終わるだろう。

しかし、米国では、バスの運転手にかぎらず、レストランに行っても、年配のウェーターがたくさんいる。

わたしは、すべてが勉強だと思っているので、いくらでも疑問は浮かんでくる。どんなに些細なことでも、それを一つひとつ解明していけば、新たな発見がたくさんあるものだ。

話は戻るが、女性運転手の答えはこうだった。「年金で食べていける。だけど、こうして頑張って働き、夏は一カ月バカンスを取って、孫を連れてどこかリゾート地へ遊びに行く。そのために、働いている」という。米国人やヨーロッパ人は、長期バカンスを楽しむために働くのだ。

日本人は我慢はできるが、人生を楽しむことが苦手な民族といえる。われわれ以上の年代は、戦後、質素な環境のなかで育ったために、サービス産業を楽しむ心のゆとりがないように思われる。

わたしは市長のとき、よく老人会でこんな話をした。

「米国へ行ったら、年齢を重ねるほど服が派手になる。四国にいると、歳をとるほど、地味な服を着るようになる。これは心の問題だから、赤い服を着て派手におめかししたら、気持ちも元気になるよ」と。

日本も、これから団塊世代が続々と定年退職する。彼らは長年、企業で技術を磨いてきた貴重な人材だから、身体の負担にならない程度に、仕事をすることは良いことだと思う。だが、これまで頑張ってきた分、サービス産業にお金を使うのもいいことだと、私は考えている。

「金は天下の回りもの」というように、金というものは、回るものである。旅行にでかければ、土産を買ったり、食事をしたり、行く先々で金を使うようになる。すると、そこでの雇用も増え、関連した産業が生まれ、地域全体が栄えるようになる。

社会の変化によって、ニーズは変わる。そこにチャレンジしていくのが、わたしのポリシーであり、わたしの経営人生であったといえる。

日本はいま、一人一日二千円あれば生活していける。食品も安くなったし、着るものも安くていいものがある。テレビも壊れにくいし、古いテレビでもきれいに番組を見ることができる。年金だけでも生活していけるのだ。

ただ、人間は、生きていくのに必要な条件が満たされると、そこに喜びや楽しみを求めるようになる。そこで、心の喜びや楽しみを提供する「観光」、心を癒してくれる「信仰」、病気にならずに生活を楽しむための「健康」に対するニーズが増えてくると、わたしは考えている。「健康《ケンコウ》」「観光《カンコウ》」「信仰《シンコウ》」、三つの「コウ」が、今後ますます重要になると思うのもそのためである。

自分たちの力で観光資源の掘りおこしを！

「観光」は重要な産業であるが、日本は欧米に比べ、第三次産業であるサービス産業が十分に発達していない。

これからは、観光産業の規制緩和も行われていくだろう。この流れを受けて、われわれも観光資源を掘りおこし、国内そして海外から、四国に訪れる人々が増える施策を取っていく。

観光客が何日か滞在するようになれば、地域の雇用も増え、若者の働く場もできてくる。また、土産として、その地域の名産品、特産物も買ってもらえるし、旅館、ホテルや飲食店、タクシーなどのサービス産業も相乗効果で栄えるようになる。

「ビジットジャパン（Ｖｉｓｉｔ Ｊａｐａｎ）」キャンペーンを掲げ、日本も政府をあげて、ようやく観光客誘致に本腰を入れるようになった。

日本から海外へ出かけていく人は、年間約千七百万人である。海外から訪ねてくる人は約六百七十三万人だから、はるかに少ない。モノの取引き、つまり貿易では輸出、輸入ともに活発だが、こと「人」の交流となると、日本から海外へ出かけていく人の方が圧倒的に多く、バランスが取れていない。その意味で、国全体で見れば、日本はまだ

「観光後進国」である。

一九八七年（昭和六十二年）、日本には「リゾート法」がつくられ、リゾート施設の建設で地方の振興をはかろうという動きがあった。

しかし、バブル期に建設された施設は次々と破綻し、外資のファンドが安く買収して再建する、という再生ビジネスがひところ流行した。そういうケースをとやかく言うことはできないが、日本にあるリゾートは、日本の資本や日本の経営者で再生することが一番いい。

わたしは、香川県綾歌町（現・丸亀市）に誕生したテーマパーク「レオマワールド」の再生を引き受けたが、日本で、しかも自分の郷土の施設として、どこにも負けないものをつくっていきたいと考えている。

いい物件があるから、北海道へ行って再生をやってくれと頼まれても、わたしは引き受けるつもりはない。その土地のことは、その土地に住む人間が手掛けるべきだと、わたしは思う。施設の再生に奮い立つのも、やはり自分の郷土だから、という思いがあったからである。

観光といっても、人の多い東京と異なり、地方は人が少ない。

香川県は人口百万人だから、県内の人だけでなく、遠方の人にも来てもらえるようにしなければいけない。観光ひとつとっても、東京と地方とでは、おかれている状況が違うのだ。

しかし、県民の地元に対する愛情は、東京に負けないと思っている。加ト吉が再建を引き受け、「ニューレオマワールド」として再スタートしたレオマワールドも、そういった地元民の力に支えられている。パーク内の店舗には、地元を愛する家業の人達が入っており、「地元復興のためにも」と頑張ってくれている。四国における、唯一のテーマパークとして、魅力ある施設にしようと奮闘しているのだ。

なぜ「ニューレオマワールド」は再生できたのか——

「レオマワールド」は、四国最大のレジャーランドとして、バブル期の一九九一年(平成三年)にオープンした。

「瀬戸大橋(香川県坂出市—岡山県倉敷市)」が一九八八年(昭和六十三年)に開通し、関西圏や岡山、広島など中国地区からも、観光客がどっと押し寄せて来るという発想から、七百五十億円という巨額の資産を投入して建設された。運営は、ゴルフ場を経営していた日本ゴルフ振興が行っていたが、投資額に見合う入場客が得られず、経営が破綻し、二〇〇〇年（平成十二年）八月に閉園した。

民事再生法が申請され、三年余り閉鎖されていたが、他県の企業なども買収のため調査に来るなど、様々な動きが出ていた。そこで香川県や地元の綾歌町（現・丸亀市）が、ぜひ地元企業で再生してくれないかと、加ト吉、スーパーのマルナカ、レジャーランドを運営する「おもちゃ王国」に話しを持ちかけてきた。

よく事情が分からない他県へ行って事業を行うのは大変だが、地元のことなら、われわれもやれるということで、調査、検討をさせてもらった。

再生ファンドなど、金融関係の企業や全く業種の違う人たちが、資産があるからという理由だけで、再生を引き受けることもある。しかし、そういうケースも、そう簡単にはいかないと思うし、われわれも慎重に再生の道を探っていった。そしてその結果、われわれは、香川県観光開発という会社をつくり、「レオマワールド」の再生を引き受ける決意をした。投資額は十一億七千万円であった。

社名に、「香川県」という文字を入れたのは、県全体の資本で再生していこうと考えたからである。

香川県観光開発は、加ト吉グループが約六三％、残りは、マルナカなどが出資し、運営にはおもちゃ王国も参加している。また、社長はわたしが引き受けることになった。

4つのテーマパークで構成される「ニューレオマワールド」

専門業者にまかせて施設を運営

ニューレオマワールドは四つのテーマパークで構成されるのだが、香川県観光開発は、あくまでも全体の運営を取り仕切り、各々のパークは、その道の専門の人々にまかすことにした。

まず、施設全体の魅力を向上させるため、おもちゃ王国に参加してもらい、「遊園地ゾーン」を増設した。おもちゃ王国は、岡山県に本拠を構える企業で、施設の運営に全面的に協力してくれることとなったのだ。

この遊園地事業をスタートさせるにあたっては、新しく会社を設立した。おもちゃ王国と香川県観光開発が、約半分ずつの資本を出資して運営会社を設立し、運営はおもちゃ王国が行う、という形である。

「ホテル・温泉ゾーン」は、グループ内で「琴参閣」など、旅館やホテルを運営していることもあり、加ト吉グループが引き受けることになった。

「ホテル　レオマの森」は、百数十億円をかけて建設されたホテルだが、従来の施設のままにするのではなく、何か新しく目玉となる施設を加えて、オープンしようということになった。そこで、温泉を運営している地場の会社と一緒になって、関東で人気を呼んでいる、水着を着て混浴ができる天然温泉を増設した。

さらに、ホテルの中央にあった室内プールを温泉プールにすると、主流の客層であるファミリー層に大変な好評を得た。ニューレオマワールドは、「遊園ゾーン」ができたことによって、子ども連れのお客様を多く獲得するようになったのである。

また、アジア六カ国の古い文化施設と小さな動物園のある「オリエンタルトリップゾーン」は、香川県に本社のある日振動物園が運営に当たり、パークの中央部に位置する「ウエルカムゾーン」という高知、愛媛、徳島、香川の四国四県の特産品、お土産を売る飲食・物産販売ゾーンでは、地元の家業を中心に、合計二十の店舗に出店してもらった。地元の復興に貢献するという観点で再生を引き受けたため、地元の店や家業の人中心に入居してもらったのだ。

家業の人たちに入ってもらったのは、地元の復興以外にも、次のような理由がある。家業は、家族が一丸となって懸命に仕事をしているため、団結力が強く、小回りがきく。家業には、わたしが重要視している、中小企業精神があるのだ。

こうして、各々のゾーンは専門の人々に運営をまかせているため、施設全体を管理する香川県観光開発には、わずか五人のスタッフがいるだけである。香川県観光開発のビジネスモデルは、入居した店から家賃料をもらう、というもので、オープン一年目から黒字経営を実現している。

「人のため、世のため」という信仰心が地域の魅力を高める

わたしは一九七五年（昭和五十年）、三十九歳のときから、四期十六年、地元観音寺市の市長を務めた。市長時代から、「どの宗教、どこの宗派を問わず、やはり社会に奉仕する心、信仰心がないといけない」と考え続けてやってきた。この場合の信仰心というのは、特定の宗教を指すのではなく、大きい意味での信仰心であり宗教心である。

みんなが世のため、人のためという心になるなら、平和で明るい、争いのない社会になる。みんなが参加し、助け合い、自分の町をより良くしようという気持ちがあれば、公園に吸い殻が落ちていても、拾って町をきれいにしようという気持ちになるし、そういう考えを持つ人は、街角や公共の場所で物を捨てたりはしない。

そういうふうに、一人ひとりが物を捨てなければ町はきれいになるし、役所が掃除に出かけなくても済むようになる。こういった一人ひとりの心持ちが大事だと、わたしは市長時代から市民に言い続けてきた。

今はグローバリズムの進行の中で、市場経済万能主義の嵐が吹き荒れている。強い者

が勝ち、弱い者は負ける。この市場原理だけでいくと、弱者はつぶれてもいいということになり、いろいろと弊害が起きてくる。

建国二百数十年と、歴史の浅い米国は、多民族で成り立つ、契約社会である。多様な民族、多様な宗教、多様な文化で構成され、社会を運営していくうえで、何においてもルールや法律が重視される。そして経済運営は、市場原理主義で、勝つか負けるかのどちらかである。勝者と敗者とが明白になる社会であり、その二極化が進む。

これに対して、日本には、二千七百年の歴史があり、単一民族で「共に生きる」という精神のもと、みんなが協力し合ってやってきた。つまり、共生、共存、共栄の思想である。

この思想のもと、みんなが思いやりを持って、何か困ったとき、お互いが助け合ったら、つらい、苦しい、という思いもなくなる。ときに周囲の人間との摩擦や家庭の不和で苦しみ、つらいときもある。しかし、そういうときに助け合おうという心、思いやりをみんなが持ったら、平和な町になる。人のため世のためという考えが大切で、そういう大きな意味での信仰が大事だと、わたしは思うのである。

そうした共生、共存、共栄の思想が地域に根づけば、その地域は住みやすくて美しい街になる。そういう地域社会には歴史的資産があるもので、それらの資産を掘りおこしていけば、他の地域から訪れる観光客の方々にも喜んでもらえると思う。

他の地域の人が来て、喜ぶ土地になるために、香川県の場合は、県民も一体となって、観光資源の開発に取り組んでいる。

香川県は観光資源の宝庫といえるが、その観光資源を、映画のロケ地として積極的に活用することで、映画を見た人が訪れてみたくなる、魅力ある土地としてアピールしている。

例えば、二〇〇四年（平成十六年）に大ヒットした『世界の中心で、愛をさけぶ』のロケ地として、香川県庵治町《あじ》（現・高松市）の庵治港が使われたのだが、ここは、休日ともなれば、映画を見た若い人たちが多数訪れてにぎわっている。

その他にも、瀬戸内海の美しい島々をロケ地として撮影された『機関車先生』や、こんぴら歌舞伎で有名な金丸座を舞台にした『阿修羅城の瞳』、栗林《りつりん》公園、玉藻《たまも》公園で撮影された三島由紀夫原作の『春の雪』、弘法大師（空海）生誕の地として有名な善通寺市内でロケされた『サマータイムマシン・ブルース』、そして、香川県庁舎内で撮影された『県庁の星』など、ここ数年で、数多くの映画が、香川県内で撮影されている。

単に映画のロケ地というだけでなく、香川県そのものを映画で有名な土地にしようと、二〇〇五年（平成十七年）からは、著名映画人を招いた映画祭も開いている。

そのほか、香川県観光協会が中心となり、企業や個人の応援を得て、瀬戸内海の島々に花を植える運動もしている。女木島《めぎじま》には桜を千二百五十本、男木島《おぎじま》には水仙を七万四千本、さらに粟島《あわしま》には伊豆の寒桜、鍋島には京都の垂れ桜を植えた。いずれも生態系を考慮し、島民と一緒になって取り組んでいる。時間のかかる作業だが、県民一体となってやることに意義があると思う。まだ先のことになるが、いずれは、花一杯の島々のある瀬戸内になることだろう。

四国には、巡礼八十八カ所など弘法大師ゆかりの観光地がたくさんある。「ニューレオマワールド」も含め、さまざまな四国の観光スポットを活かして、四国の活性化につなげていきたいと考えている。

与えられた環境を武器にする。たとえそれが、逆境であったとしても、チャレンジすることで、次の一歩が始まる。

最後に、三コウのひとつの「健康」だが、この分野は、日本国内だけでなく、欧米でも注目の高い分野であり、これからさらに産業としての広がりを持っていくであろう。医療だけでなく、食品、介護など、さまざまな分野に関係してくるし、最近は、介護制度の世話になる前に、健康維持に気をつけて、できるだけ〝自立した日常生活〟を送れるよう支援する事業領域も出現している。

他の章でも述べたが、加ト吉はすでに「骨なし魚」といった商品も開発している。食品メーカーである加ト吉は、今後、この分野にさらに力を入れて進出し、「健康」のための産業を起こしていきたいと考えている。

藩主生駒高俊公を歓迎するため、一夜で掘りあげたと伝えられる、有明浜に描かれた東西122m、南北90m、周囲345mの寛永通宝。現在も年2回、市民のボランティアで化粧直しされている

8章

四期十六年、市長経験から学んだこと

――コスト意識を行政にも導入、創造力のある地方づくり――

政治と経済は相容れないものではなく、両立させるべきもの

加卜吉は、創業以来、売上高を伸ばし続けている。創業間もない年は、二千五百万円に過ぎなかった売上高が、今では三千六百億円を越える売上げも視野に入っている。そして、その売上高は、一度として前年度を下回ったことがない。これはバブル崩壊後も、新事業の開拓を行い、売上げを伸ばしてきたからである。

よく「大変な苦労があったのだろう」と聞かれるが、つらいと思ったことは一度もない。「努力すれば、必ず道は拓ける」と思っていた。

ただ、創業五十年を迎えて、これまでの軌跡を振り返ってみると、自分以外の人間、森羅万象は、すべて師であり、常に学びの精神を持ち、時代のニーズをつかむことができたから、今日の加卜吉があるのではないかと思うのである。

わたしは、加卜吉の経営を続けながら、観音寺市長を四期十六年間務めた。市長の前に市議会議員を八年経験したから、加卜吉の五十年の歴史のうち、ざっと半分に当たる二十五年近く、公務に携わってきたことになる。この市長経験は、わたしに多くのことを学ばせ、わたしの経営者としての器を大きくさせたと思っている。

観音寺市長に当選したのは、一九七五年（昭和五十年）一月。三十九歳の若さだった。

十六年間、上場企業のオーナー経営者と市長という、二束のわらじを履き続けた。世間は、経営者が政治に深入りすることを嫌う。ビジネスの世界と政治の世界は、まったく別もので相容れない、と見られているからだ。

確かに、経営の世界と政治の世界は別ものである。民間企業は、競争の世界で、良い商品をつくり、それを販売して利益を上げて、初めて給与が出るようになる。いわば、結果が重要な「決算主義」の世界だ。

一方、行政というのは、あらかじめ予算がついていて、その予算で、市民に平等により良いサービスをする、あくまで「予算主義」の社会なのである。そのため、経営者が政治の世界に足を踏み入れたものの、上手くいかなかった、という例はいくつもある。

かつて立派な財界人が政治家になったものの、私財を注ぎ込むだけに終わってしまった。あるいは、政治の世界にのめり込み、社業を疎かにした結果、社員がやる気をなくし、会社が傾いてしまった、という例さえある。

わたしは、ビジネスの世界と政治の世界が、相容れないとは思わない。政治に経営の感覚を取り入れる一方、政治の世界で学んだ知識を経営者として役立てることは、可能だと思うのだ。要は、本人の基本姿勢さえしっかりしていれば、政治と企業経営は両立するはずなのだ。

今、政治の世界では、財政再建のために、民間の経営感覚が求められている。

企業の目的は、あくまでも経済活動で利益を上げることにある。その利益追求でも、企業は、より良い商品を製造し、消費者により安く提供することで社会に貢献する。さらに利益から税金を納めることでも、企業は社会に貢献している。

政治と経営は相容れないものではなく、政治と経営は、両立させなければならないものである、というのがわたしの発想だ。そして、わたしはそれを市長として実践してきたつもりである。

むろん、十六年間の市長在任中、加ト吉の経営に公職を利用したことは一切ない。市長の地位を利用すれば、市民からは批判を受けるだろう。それは社内においても同様で、社員が地位利用に寄りかかるようになっては、企業は傾くことが目に見えている。

例えば、市長の顔を利用して、銀行から資金を借りられたとしても、市長の顔で返済することはできない。銀行融資は事業の中身で借り、事業で上げた利益から返済するものである。その原則を守ってこそ、企業の経営は順調に伸びていくのだ。

販売にしても同様である。市長の顔で商品を売れば、一度や二度は付き合いで買ってくれるだろう。しかし、こういう販売は長続きするはずがなく、最終的には企業を自滅させることになる。逆に会社の資金を持ち出し、政治活動に注ぎ込んだら、一所懸命働いていた社員のやる気を削ぐことになる。

一方、政治は、国民市民に平等であることが必要だ。一部に与するのではなく、国民全員にくまなくサービスすることが仕事である。当然、企業活動に利用したり、されたりしてはいけないし、それは、許されることではない。いずれにせよ、政治を経営に利用して、いいことなどないのだ。

ＪＣでの活動が、政治家への道につながる

わたしが市長として政治に携わるようになったきっかけは、観音寺青年会議所（ＪＣ）活動にある。

すでに語ったように、わたしは祖父が急死したため、高校進学を諦め、家業の水産加工に従事した。実業の世界は、実力勝負の世界。学歴に対するハンディキャップを感じたこともコンプレックスを抱いたこともなかった。実力と学歴は関係ない、と思っていた。

しかし、友人関係については違っていた。

実業の世界でも、多くの人たちとの付き合いがあるが、学生生活をともに送った仲間

との、利害を超えた友人関係と比べると、親密さには欠けるところがある。だが、JC活動を積極的に行った結果、あらゆる職種の人たちと、ビジネスを超えた友人関係が生まれた。「われ以外はすべて師」と考えているわたしにとって、これは貴重な財産となった。

もしJCに入会していなければ、こうした出会いもなく、わたしは視野の狭い人間になっていただろう。

JCでの活動は、わたしをひとまわり大きくさせた。またそれは、同時に、加ト吉を大きくさせた、ということでもある。その意味で、わたしは「JC大学」の卒業生であった。

JCは、社会開発、人間開発を促進する組織で、各地のJCは地域の活性化を目的にしている。観音寺JCは、四国で二番目に設立されたという輝かしい歴史と伝統を持つ。その観音寺JCにわたしが入会したのは、一九六二年(昭和三十七年)のことだった。

当時のJCは、メンバーの社交場と化していた。

だが、中学を卒業してから、がむしゃらに働き続けてきたわたしにとって、社交場と化したJCの雰囲気には到底、馴染むことができず、しばらくは名前だけを連ねる会員に留まっていた。

ところが、三年ほど経ったとき、わたしと同じ水産物加工業を営む先輩から、ＪＣの会合に出るように誘われた。先輩は、「ＪＣ活動を本来あるべき姿に戻したい」、とわたしを誘い、その先輩の情熱に引きずられる格好で、わたしはＪＣの活動に参加した。誘われて始めたＪＣ活動だが、本格的に取り組むようになると、早々に理事に選出され、入会十年後の一九七二年（昭和四十七年）には、理事長に推された。理事長に就任したが、ＪＣ活動は自分の会社と違い、メンバーに命令するわけにはいかない。

ＪＣ会員は全員が平等という原則があり、理事長としてメンバーを引っ張っていくためには、筋の通った運営を心掛け、全員に納得してもらう必要があった。

大平正芳元首相との出会い

ＪＣ活動の中でも、特筆できる思い出は、一九七二年（昭和四十七年）四月に開催された観音寺ＪＣ創立二十周年記念式典である。

市民会館で開かれた式典には、四国各地のＪＣ幹部、地元の有識者や各界の代表が参集してくれたのだが、中でも大平正芳元首相（故人）が観音寺ＪＣの活動を高く評価して、東京から駆けつけてくれた。

大平元首相は式典で、

「讃岐の男には二つのタイプがある。ひとつは東大総長を務めた南原繁氏に代表される切れ者で、もうひとつは、全国農協中央会長の宮脇朝男氏やわたしのような鈍牛型だ。経済界に彗星のように現れた加藤君は後者の部類に属する人だ……」

とわたしを評してくださった。そんな関係から親しくさせていただき、いろいろ示唆もいただいた。

大平元首相は、政治家としての哲学を有し、思想にブレのない方だった。小さな農家の出身で、質素な家庭で育った。苦労して政治家になった方だから、確固たる政治理念をお持ちだった。

また、余談になるが、一九七二年（昭和四十七年）の九月、議員としての最後の質問は、田中角栄総理と郷土出身の大平正芳外務大臣の一行が、北京に到着して、待望の日中国交正常化の調印をする、というときだったことも、印象深く記憶している。そのとき、わたしは、「明るい豊かな町づくりのための一次産業の振興」、「工場誘致の促進」、そして、アメリカの例を挙げながら「農村地域工業導入促進法」について、資料を作成し、質問したのだった。

後押しされて市議会議員に立候補

話の流れが前後してしまったので、話をJCでの活動に戻そう。

JCの活動を続けていくうちに、JCの会員の間から、わたしを市議会に送り込もう、という声が上がった。当時、JCはOBを市議会議員に推薦していたのだが、今度は現役を送り込もう、というのだ。

わたしは二十七歳のとき、衆議院選挙で立候補者の出納責任者を務めた経験もあるし、伯父の宇賀勇次郎と義父の高木寿恵喜が市議を務めていて、政治活動を身近で見ていたこともあり、まったくの政治素人というわけではなかった。だが、伯父と義父と競争することになる市議選に出馬することには、苦痛を感じていた。

ところが、市議会に新風を吹き込みたいというJCの仲間の意思は固く、すでに送り込んでいたOB議員はOBが支援し、現役メンバーはわたしを推す、という内部調整をすでにまとめていた。ここまで支援してくれる以上、会員仲間の期待を裏切るわけにはいかない。

わたしは、一九六七年（昭和四十二年）、観音寺市議会議員選挙に立候補することにした。結果、わたしは定員三十人中最高得票で初当選し、嬉しいことに伯父は三位、義父も六位と、上位で当選した。二期目も引き続きトップで当選し、六年後の一九七三年（昭和四十八年）には、市議会議長に推された。

これは、一九七三年（昭和四十八年）五月二十五日の出来事であるが、わたしにとっては忘れられない日となった。

この日、加ト吉グループでは、観音寺グランドホテルと観音寺ショッパーズプラザの落成式が重なり、わたしは議会を欠席していた。二つの落成式という祝い事が終わり、自宅でホッと一息ついていたのだが、日付が変わろうかというとき、先輩議員から突然電話が入った。

「加藤さん、深夜で申し訳ないが、すぐ議会に来て欲しい」

そして、議長に選ばれたから挨拶をして欲しい、というのだ。このとき、わたしは六年の議員経験があるとはいえ、まだ三十七歳の若造であった。議員の中では二番目、二十四人いる保守系議員の中では最年少であった。長老議員が多い中で、若造のわたしが議長になるということは、考えられないことだった。

先輩たちの話によると、ちょうどこの日は、一年交代が慣例になっている市議会議長の改選期で、朝から各会派が会合を開き、議長候補を討議していたのだが、長老、実力者が多いうえ、各議員の思惑も絡んで議長を決められなかった。そんな話し合いの末、誰からともなく「いっそ加藤君を議長に選んだらどうか」と提案があり、全議員が賛成した、というのだ。

こうして、わたしは全国に六百四十三ある都市で、最年少の議長になってしまった。しかも、翌年の改選期を迎えても、後任が決まらず、わたしが再任され、異例ではあるが、議長を二年間務めることとなった。周囲から推されるかたちで務めた市議会議員・議長であるが、この経験は、市長へのステップになったといえる。

悩んだ末、市長に立候補

一九七五年（昭和五十年）一月は、観音寺市長の改選期であった。次の市長選挙で、現職市長の対立候補に誰が出馬するか、話題になっていた。

その数カ月前の一九七四年（昭和四十九年）十一月初旬、中央の政局は混迷を呈していた。当時首相であった田中角栄氏が金権政治による批判を受け、退陣必至の状況に追い込まれていたのだ。世間では「次の総理は、香川が生んだ哲人政治家・大平正芳氏」と騒がれており、その流れを受けて、大平氏と親交の深いわたしを「次期市長に」という声が挙がった。

そんな最中、読売新聞に「加藤市議会議長出馬か」という憶測記事が出てしまった。商工会議所の人たちやロータリークラブの仲間からは、「本当か、あんたがやってくれるのか」と騒ぎになった。先輩や同僚市議や多くの市民、JCの仲間からも、市長選への出馬を要請されるようになったのだ。

市長選出馬は、大いに悩んだ。市議と市長では、仕事量も仕事の重みも責任も、格段に違う。市民の生活をも左右する。

当時、わたしはある経済誌のインタビューで「昭和五十年代には、日本にコックのいらないレストランチェーンを五百店ほどつくりたい」と語っていた。冷凍食品を使ったレストランチェーンの展開は、わたしの夢であった。

議長の任期を終えたら、そのプロジェクトにとりかかる準備をしていた。急成長している会社の経営をどうするか、という不安もあった。

それまでは市長選出馬を固持してきたが、新聞にまでわたしの出馬予想記事が出てしまった。多くの人間が「加藤義和」という人間の御輿《みこし》をかつぎ始めた以上、自分から降りるとはいえない状況になっていた。わたしは真剣に悩んだが、いくら悩んでも結論は出なかった。

わたしは、親しい友人や知人に意見を聞いた。

「期待している市民のため、私心を捨てて郷土のために出馬すべきだ」

わたしは、「郷土のため」ということばに動かされた。

加卜吉がこれまで発展してこられたのは、郷土の応援があってのこと。加卜吉が抱える千人の従業員も大切だが、四万三千人の観音寺市民の幸せも大切だ。そう思ったとき、わたしは市長選への出馬を決心した。

市長選の告示は、正月気分が覚めやらぬ一月九日だった。

告示後間もなく、市議をしていた義父の高木は、事務所へ応援に来ていた地元の支持者にあいさつをしている最中、脳梗塞で倒れてしまった。選挙戦に突入するや、五日目に急死するという不幸に見舞われたのだ。

義父は、がむしゃらに働いていたわたしの将来性を買い、育ててくれた大恩人である。わたしのために、忙しい年末年始を選挙準備に動きすぎたようだった。わたしは義父の死に報いるためにも、「絶対、当選しなければならない」という気持ちになった。

不幸ばかりでなく、わたしに自信を与えてくれた出来事もあった。当時大蔵大臣だった大平正芳氏と前代議士の福田繁芳氏が、わたしを応援してくれたのだ。

そして開票日の一月十九日、接戦は深夜まで続き、午前一時過ぎに結果が判明した。わたしは新市長に選ばれ、以後、四期十六年の市長生活が始まった。

1975年観音寺市長に立候補し、街頭で演説

行政に民間の経営感覚を導入

観音寺市長の職責は、重いものだった。前市長時代から引き続いている事業を遂行する必要があったし、住民福祉の充実も迫られていた。

ところが、わたしが市長に就任した一九七五年（昭和五十年）は、オイルショックによる不況の真っ只中。税収が減り、どこの自治体も財政難に陥っていた。観音寺市も例外ではなかった。財政事情は赤字財政で、それを競輪事業という特別収益で穴埋めしている状況だった。

わたしの就任前に組まれた一九七四年（昭和四十九年）度予算は、市税収入が、十一億四千万円であった。一方、人件費は十三億七千万円にも上り、市税収入を上回るという異常な状態であった。他市にはない競輪収益があったため、なんとか埋め合わせができている、という状況だった。

こうした不安定な財政状況の中で、市長に就任したわたしは、まず財政の立て直しから着手することとなった。

公約に掲げた、福祉事業と教育施設の充実を図りたい。前市長が進めてきた公共下水道事業の終末処理場・ポンプ施設を完成させなければならない。今までの行政サービスを低下させるわけにもいかない。

八方塞がりの状態であったが、わたしは、行政に民間の経営感覚を取り入れていこうと考えた。今、国政では、民間の活力の導入が盛んに叫ばれているが、わたしは三十年前に、それを観音寺市長として実践した。具体的には、市民との対話を始め、市民の要望を汲み上げつつ、行政の仕組みや市財政の現状を説明し、財政難に陥っていることを理解してもらった。一方、職員にはコスト意識を持たせた。

「企業はお金の使い道を間違えると、倒産し、社員は路頭に迷う。役所は倒産しないから、ついお金の使い方が疎かになる。しかし、そのお金は、市民の税金であるということを忘れてはいけない。限られた予算の中で最大限の効果を上げることが、われわれ市役所職員の務めである」

これは、職員に研修の都度、くどいほど訴えてきた事柄である。

役所特有の不経済な仕組みにメスを入れる

二〇〇四年（平成十六年）の道路公団の橋梁談合事件に続いて、成田空港の電気設備工事でも、談合が社会問題になった。語弊があるかもしれないが、予算主義の役所は、談合であろうが、競争入札であろうが、予算内で収まり、造ったものがしっかりしたものであればいい、という考えがある。役所の責任にならないよう、きちんと造られていれば良いのだ。

役所というのは、工事にも、ゆとりのある予算を組んでいるが、予算の九八％で落札されようが、九三％で落札されようが、関係ない。予算内であれば良いのだ。九八％にするか、九三％にするかは、首長の判断で決められる。

予算主義では高く発注した方が、行政も業者も喜ぶが、決算主義の民間企業では、安く発注すれば、余った予算を他のことに使えて良い。本来は、ムダに金を使うのではなく、民間企業のように、効率的に金を使うべきである。

ところが、予算主義の役所は、余った予算を他のことに使えないどころか、余った補助金は返還しなければならない。結果として、役所の発注が、常に予算の高いところに落ち着くのは、そのためなのだ。

予算主義の社会では、予算を「単年度」予算と呼び、公務員は予算を余らせてはいけない、という暗黙の了解がある。わたしは企業を経営してから役所に入ったので、工事の発注でも、その値段は高いのか安いのかが分かる。

観音寺市長時代のわたしは、こういう役所ならではのおかしな仕組みを変えようと、工夫を凝らした。

例えば、設計事務所が設計し、十億円かかるという場合、役所では落札率九三％の落札なら九億三千万円、九八％なら九億八千万円で発注されるが、民間企業の競争入札では七億円程度になる。自由経済では、入札する側も競争が激しく、発注する企業もライバルとの競争を勝ち抜くために、いかに低コストで生産するか、ということを考える。

しかし、市長として、地元の経済を支える建設業者に民間企業並みに七億円の安さで工事をさせるわけにもいかない。そこで、わたしは国の補助率の高い事業では、九三％くらいの落札を認め、その代わり、市の単独事業では、その分、安くさせるという使い分けをした。こうすることで、財政改革を進めていった。これは、競争経済と予算主義経済の双方を知っているから、できたことといえる。

人事についても同様である。企業も役所も人事は公平、平等だが、その中身が違う。民間企業ではスタートが平等であり、業績によって差がつく。業績の評価の仕方が、公平なのだ。

一方、役所のシステムは年功序列主義で、役職は平等、年齢に応じて公平に与える。そのため、何が重用視されるかというと、まずは失敗しないこと、お叱りを受けないこと。これさえ守っていれば、毎年、俸給が一号俸ずつ上がり、数年後には、地位が昇格するようになっている。これでは、改革やコスト意識、チャレンジを望む方が無理だ。

できることから、コスト削減に着手

役所のようなシステムにはいい面もあるが、民間企業の経営手法を取り入れなければ、より良い行政サービスはできない、とわたしは考えた。だが、いくら口で「コスト意識を持て」といっても、すぐに民間企業のような感覚を持つことは難しい。「魁《かい》より始めよ」ということわざがあるが、トップが率先垂範《そっせんすいはん》することが、なによりも大事といえる。

市の一番大きな支出は、人件費である。人件費を抑えなければ、コストは下がらない。だが、民間企業のようにリストラはできない。公務員は解雇できない仕組みになっているため、人員を縮小するためには、定年退職を待つしかないのだ。

そこで、まず身近なところからコスト削減を始めた。

わたしが市長に就任したとき、市には公用車が四台あった。市長車、助役車、市議会議長車、予備車で、それぞれ専用の運転手がついていた。しかし、四台も必要ないのが、現状だった。市長も助役も市議会議長も、頻繁に車を使うわけではない。それにも関わらず、専用車と運転手がついている。

「私が出張したときなどは、どうしているのか」、と運転手に聞いてみた。すると、「待機している」という。

必要ないとしても、運転手も市役所の職員で解雇することはできないため、助役車の運転手が六十歳の定年を迎えたのを機に、市長車担当の運転手を助役車に回し、市長公用車を廃止した。

わたしの自宅から市役所までは、車でわずか五分程度の距離なので、市役所に登庁するときは、自分の車を運転して登庁した。日中、出かけることは、一日に一回あるかないかなので、秘書に自分の車を運転してもらう。県庁に出かけるときは、助役車を借りて用を済ませた。

また、下水道処理場で車が必要になったとき、予備車をそこで使うことにした。予備車は、一週間に二、三回しか使うことがないから、もし必要になったときは、タクシーを使う。タクシーを利用しても、年間百万円もかからない。車の維持費と運転手の人件費とは、比べものにならないほど低い額なのだ。

こうして、市長車と予備車の公用車二台を廃止することができた。

専用車の運転手は、五十歳過ぎのベテランを揃えるため、運転手の給料が年間六百万円。それに維持費が加わり、公用車の予算は、一台につき年間八百万円ほどかかっていた。二台を廃止したことで、千六百万円の費用が浮いた。予備車の代わりに利用したタクシー代を差し引いても、年間千五百万円の節約になり、福祉や道路整備事業に、その金を回すことができた。この公用車の削減は、企業経営の感覚を導入すれば、効率的な体制になるという一例といえる。

公用車だけでなく、一般職員も削減した。

運転手と同様、解雇することはできない。途中退職もない。職員が六十歳の定年になるのを待つ、という方法だった。

しかし、新規採用をしないと、職員の年齢構成に断層ができてしまうため、ある程度は採用しなければならない。十五人が定年退職したら、三人採用し、二十人が退職したら、五人補充する、という採用方式をとっていった。

こうして、わたしが市長に就任したとき、六百九十九人だった職員が、十四年間かけて五百六十人まで縮小した。ざっと二割の職員削減になる。

知人から息子や娘を、あるいは親族を市で採用してくれないか、と頼まれることもあった。だが、すべて断った。縁故採用したら、財政削減ができなくなる。役所の職員削減は自然減頼りで、遅々としたものだ。それをさらに悪化させるようなことは、市長として決してしてはいけないことであった。

市民の協力が大きな力に

第二章で「たばこ論」として述べたとおり、わたしは職員にコスト意識の徹底を繰り返し求めてきた。コスト意識を持つことで、行政の効率化が図れるようになるからである。役所では、ハコ物行政が典型的だが、新しい事業を始めると、それに従事する職員が必要となり、コストがかかる。しかし、最初からコスト意識を持っていると、人件費をかけずに、どうやって新しい事業を始めるか、という発想になる。

わたしは「中央公民館」と「働く婦人の家」、「共同福祉施設」の三つの施設を同時につくったが、この三つの施設では、職員を一人も増やさなかった。教育委員会が施設の維持管理を行ない、公民館運営審議会の委員が協力してくれることを条件に、三施設の建設を提案したからだ。

市民も市職員も、時間のコスト意識を持っていたからこそ、この考えを理解し、事業をスタートすることができた。この三つの施設は、一九七九年（昭和五十四年）四月にオープンしたが、これこそ、「市民参加型行政」といえるものだろう。

ナイターの施設も同じであった。

観音寺市では、ソフトボールが盛んで、学校の運動場で夜間も試合や練習をできるよう、ナイター設備をつくって欲しい、という要望があった。地域活性化の観点からも、ナイター設備を備えるのは悪いことではない。ナイター設備の建設費は一千万円ほどかかるのだが、予算措置は特に問題ない。ただ、市がそれを管理するとなると、最低でも二人の市職員が、時間外で担当しなければならない。建設費は一度の出費で済むが、管理する職員の時間外勤務の人件費は、経常経費になってしまう、というわけだ。

そこで、わたしは、「ソフトボール協会で自主的に管理してくれるなら、建設費に予算をつけよう」、と条件をつけて、ナイター設備の建設に取りかかった。おかげで、市職員の負担はなしで済み、ソフトボール協会の人たちも、自分たちで管理した方が、設備を大事にする、という一石二鳥の結果をもたらした。

各地で、行政側が住民の人気を得ようと、会館やホールを建ててきたが、むやみに建設すると、その維持費がかさみ、予算を福祉や公共事業に使えなくなる、という財政の硬直化を招いてしまう。

オイルショックはまだ終わっていない

国家財政にしても同様で、三十三年前の一九七三年（昭和四十八年）、オイルショックが起こり、総需要抑制で景気は悪化した。当時の福田赳夫大蔵大臣は、その状況を病状に譬え、「日本経済は全治三年」といい、景気対策に赤字国債を発行した。

オイルショックが起きるまで、国に借金はなかった。しかし、この赤字国債は、毎年、発行され、オイルショックから立ち直った五、六年後には、七十兆円にもなっていた。政府は、「景気が回復し、税収が復活したことで、オイルショックを克服した」、と言っていたが、赤字国債はそのまま残った。これが、今日の七百兆円を超える国債依存の始まりである。

利息さえ払っていればいい、というものではない。家庭でも企業でも、収入が回復しても、借金がそのまま残っていては、健全とはいえない。七十兆円の国債を返済できなかったのだから、本当は、オイルショックを克服してはいなかったのだ。こういう事態に陥らないためにも、行政には、常にコストを考えた財政運用が必要だ。

民間委託も、コストを考えた政策であった。

わたしは市長在任中、五つの福祉施設をつくったが、柞田《くにた》保育所、高室保育所、豊恩荘、楽陽荘、授産施設の丸山作業所は、民間の福祉法人に運営を委託した。

もし、市がこういった福祉施設を直接運営すると、大幅に職員を増員しなければならない。民間委託との人件費の差額は、想像以上に大きいのである。

その場かぎりではなく、長い目で見て最善の選択をする

役所というのは、収入が例年ほぼ決まっているため、常に財源には苦労している。例えば、水道料金を例に挙げると、数年に一回の割合で、料金値上げをしなければならない。人件費の上昇に加え、水質の維持や給水世帯の増加といった設備投資が加わるからだ。わたしの市長在任中も、平均的な世帯で、月に二百円から三百円の水道料金の値上げを行った。その値上げを発表した翌日、市役所に登庁すると、「市民サービスの低下だ。市長は市民の福祉を考えず、水道料金を値上げする」と、批判のビラが机の上に置いてあった。議会でも、わたしは共産党から追及されることになった。

普通なら、市長は「今後は皆さんともいろいろ相談しながら、水道会計を見直していきたい」と、低姿勢で答弁するだろう。しかし、わたしは、その場限りの答弁はしたくなかった。だから、「市民の福祉を向上させるために、敢えて水道料金を値上げさせてもらう」、と率直に訴えた。

水道会計が赤字になると、一般会計から補填《ほてん》しなければならなくなる。一般会計の資金を水道会計の穴埋めに持ち出すと、その分、福祉に回す資金が不足するのだ。共産党は、わたしの福祉論に沈黙した。

財源は、天から降ってくるものではない。その意識が、役所には希薄だと感じる。足りなければ借りればよい、という発想で、いったん借りたら、もらったような感覚でいる。行政に携わるものは、みんなが働いて納めた税金を使っている、ということを決して忘れてはいけないのだ。

二十五年前に、市町村合併を提案

観音寺市長一期目、二期目の八年間は、福祉の充実を図りながら、行財政改革を進めた。三期目は財政改革を進めながら、「広域行政の拡大」を手掛けた。

まず「行革推進のための委員会」を設置し、十五人の委員に検討を委嘱《いぞく》し、慎重に進めることにした。

この行革の目玉には、「三豊市構想」を置いた。観音寺市と三豊郡の九町を合併し、四国で五番目に大きい三豊市の誕生を目指した構想である。

三豊地区の一市九町は、端から端まで車で三十分の距離であり、広域行政でも深いつながりがある。共同のコンピュータセンターを持ち、観音寺市と隣接する町は、オンラインで結ばれ、効率的な事務処理が行なわれるようになっていた。一市九町の総人口も十五万人に達し、合計した予算は一九九〇年度（平成二年度）で四百二十九億円にのぼっていた。

ところが、一市九町が別々のため、市長、町長、助役、収入役、教育長のトップだけで、四十人もの人間がいた。市議会議員、町議会議員は百七十人、職員数は千八百九十人にものぼった。

合併すれば、四十人のトップが、市長、助役、収入役、教育長の四人で足りる。十あった議会事務局も一市九町が合併すれば、ひとつで済む。議員の人数も二百数十人が、三十人で足りるし、職員数も大幅に減らせる。

加えて、三豊地区には、県の地方事務所や土木事務所などの出先機関が八つもあり、その職員数は、教師と警察官を除いて、二百八十四人いた。県の出先機関の仕事も、市で応対できることが少なくない。広域行政のメリットを生かせば、出先機関は、八つも必要ないのだ。

今でこそ、市町村の合併が進められているが、当時、一市九町が合併すれば、六百人から七百人ほどの職員を削減でき、それだけで三十億円の人件費が浮いた。合併が実現していたら、その三十億円を、市民が必要とする事業に投資できたはずなのだ。

一九八〇年代、わたしは、県にこの広域合併の話を持ち込んだが、当時は、合意を得ることができなかった。九町も消極的で、わたしの市長在任中は、実現不可能だった。だが、二〇〇五年（平成十七年）、観音寺市と大野原町、豊浜町が合併し、残る七町も二〇〇六年（平成十八年）合併し、三豊市が誕生した。わたしが二十五年前に主張した合併が、今ようやく実現した。

合併による広域行政は、総論では賛成しても、各論になると、個々の利害が優先されて話がまとまらないことも多い。だが、五年先、十年先の市民福祉を念頭に置き、長期の施策を行なうのが、真の政治家だと、わたしは思っている。

市民が協力することで、よりよい町に

わたしは十六年間の市長時代を振り返り、財政が悪化したなか、行財政改革を成し遂げた、と自信を持って言うことができる。市民もわたしが提唱した対話を理解し、行政に参加するだけでなく、観音寺市を良くしようと協力してくれた。

市民が「世の中のため」、「市民みんなのため」、という気持ちで、今の世の中に欠けている助け合う地域社会づくりに率先して参加してくれた。これは、たんに公園をきれいにしようというのではない。ゴミが落ちていたら拾うだけでなく、たばこの吸殻を捨てな

い、川にゴミを捨てない、という心構えを持つことである。多くの市民がわたしの考えに共感して、お互いに助け合い、思いやりを持ち、自分たちの町をきれいにしようと努力してくれた。

行財政改革に加え、こういった業績は、わたしが観音寺市で生まれ育ち、瀬戸内の海で学び、かつ郷土を愛し、市の発展と市民の幸せを願っていたからこそ、成し遂げられたことだと思っている。

一九九二年（平成四年）、阿波銀行系のシンクタンクである徳島経済研究所が、四国三十都市の比較を行った。調査が行われたのは、わたしが市長を務めていた一九九〇年（平成二年）である。観音寺市は、四国でもっとも暮らしやすい都市に選ばれた。

公園面積、持ち家比率、病院・診療所などのデータを基に、「教育・文化」、「生活利便性」、「住宅充実度」、「経済的ゆとり」の各項目を実態調査し、観音寺市は、総合得点七〇・七ポイントを獲得し、第二位の高松市の六八・九ポイントを、一・八ポイントも上回ったのだ。郷土に尽くした十六年間が、このように評価されたことが、わたしはとてもうれしかった。

わたしの行財政改革は、『産経新聞』が「行革キャンペーン」として取り上げたことから、取材や講演依頼が殺到したのだが、わたしとしては、世間の関心を呼んだことの方がむしろ驚きであった。企業の経営手法を行政に生かすという、ごく当然のことを進めただけだからだ。

しかし、逆にいえば、大手新聞が取り上げ、全国の市町村が観音寺市の行政実績を参考にしようとしたことで、企業の経営手法を行政に取り入れるという、わたしのやり方は、間違っていなかったのだと、確信することができた。

また、二〇〇四年（平成十六年）、日経産業新聞が「夢の経済人キャビネット」として、経済人で内閣を組閣した仮想記事を掲載したことがあった。総理はトヨタ自動車の奥田碩氏で、わたしは農林水産大臣に選んでいただいた。「中国に冷凍食品などの生産拠点を展開し、世界市場に打って出た」ことを評価され、「食料の安定供給に手腕を発揮」することが期待されていた。あくまで仮想の記事であるが、こうして評価してくれる人がいることに感謝している。

政治の世界を経験し、「人の心を知らずに、人を動かすことはできない」という思いを強く抱くようになった。

経営者は、自分の器以上のことをすると失敗するといわれる。十六年間の政治活動は、指導者としてのわたしの器を大きくし、さまざまなことを教えてくれた。その意味でも、かけがえのない十六年の政治活動であった。

四国の暮らしやすさランキング		
順位	都市名	偏差値
1	観音寺市	70.7
2	高松市	68.9
3	丸亀市	67.0
4	徳島市	64.3
5	今治市	60.5
6	坂出市	60.4
7	伊予三島市	58.9
8	八幡浜市	57.6
9	宇和島市	54.9
10	高知市	54.2
11	松山市	54.2
12	善通寺市	53.1
13	川之江市	50.9
14	鳴門市	50.7
15	北条市	49.3
16	伊豫市	49.1
17	阿南市	48.2
18	大洲市	44.8
19	中村市	44.7
20	土佐清水市	43.7
21	東予市	43.7
22	西条市	42.7
23	新居浜市	41.2
24	室戸市	40.6
25	須崎市	39.5
26	小松島市	38.9
27	南国市	38.4
28	宿毛市	37.2
29	安芸市	36.4
30	土佐市	35.3

1992年　徳島経済研究所調べ

9章

新しい日本づくり

―若者が元気になる前向きな国づくりを―

改革は景気の良いときにするもの

『順調な戦後経営は、昭和四十年代の半ばから、にわかに崩れはじめ、大地が揺れ動くような不安定な時期が続きました。しかし、戦後三十余年、私たちは幾多の試練にめげず、今日までよくやってきた……。わたしたちが享受している自由や平和や繁栄は、先進西欧諸国に比べても決してひけをとるものではありません。（中略）

時代は急速に変貌しています。そして、長く苦しかった試練を経て、ようやく黎明が訪れてきました。あたりはまだ闇でも、頭をあげて前を見れば未来からの光がさしこんでいます。後ろを向いて立ちすくむより、進んでその光を迎え入れようではありませんか。（中略）

選択は、慎重で聡明でなければなりません。私は、ゆるがない日本を築くことに全力をあげる決意であります。………』（出展・大平正芳記念財団作成『大平正芳の政策要綱資料』より「プロローグ」一九七八年／昭和五十三年　十一月二十七日）

これは、故・大平正芳元首相の言葉である。大平元首相は香川県出身の政治家で、第一次・第二次石油ショックに遭遇し、日本の政治経済が大きく転換する時期に首相になられた。在職期間は一九七八年（昭和五十三年）十二月から一九八〇年（昭和五十五年）

七月までの約二年間だったが、一九八〇年（昭和五十五年）六月の総選挙の最中、激務のため、不幸にも倒れられた。

「哲人政治家」といわれ、寡黙篤実《かもくとくじつ》な人で、時代の流れを深く見据え、将来を透徹するリーダーであった。わたしも同郷ということで、ご交誼《こうぎ》を願った。大平元首相が三、四十年前に喝破《かっぱ》されたことは、今の時代にも、そのままあてはまる。二十一世紀も数年が経ち、日本経済にも曙光《しょこう》がさしかけ始めた。IT（情報技術）産業の勃興などで、企業の業績も上向き、世の中がようやく前向きの気運を迎えた。

一九九〇年代の、いわゆる「失われた十年」には、大手金融機関が経営破綻し、リストラの嵐が吹き荒れ、デフレが続き、さまざまな問題が噴出した。そして、経営者は合理化の努力をし、従業員は熱心に働き、産業界の景気も上向き始めた。

しかし、経済は明るくなったものの、働かず、研修も受けないニートや、定職につかないフリーターの増加という、新しい問題も出現している。また、学童の命が殺《あや》められる痛ましい事件も連続し、親殺し、子殺しといった事件が、連日のように新聞紙上を占めている。価値観が変わり、人生をどう生きるか、という座標軸が失われている気がしてならない。

わたしたち国民一人ひとりが、大平元首相がいわれるがごとく〝ゆるがない日本〟を築いていかなければいけない。

大平元首相は、こうも述べられている。

『不確実といわれる時代を迎えて、国民は〈確かな未来〉を求めている。黎明《れいめい》に向かって、今こそ、勇気をもって前進を開始すべきときである。

日本人の秀でた資質とひたむきさこそ、未来を切り拓く力であり、それを通じて人類の文化に貢献すべきときである。

この大事業が、わたしの世代に完成することがなくとも、わたしは次の世代が力強く引き継いでくれることを信じている。

ためらうことなく、後ろを向いて立ちすくむことなく、わたしとともに前進を開始してもらいたい。なすべきことはあまりに多い。文化の継承、交流と創造、科学技術の革新、地域、海洋、地球、宇宙……、開拓すべき、挑戦すべき新たな領域《フロンティア》は無限に拡がっている。国民の、次の世代の可能性を最大限に引き出すことが、わたしの責務だと信じている。

〈確かな未来〉を求めて、〈ゆるがない日本、ゆとりある家庭〉を築いていこうではありませんか』（同前）

本来、改革というものは、景気が悪いときではなく、良いときに行わなければならない。これは、わたしが体験から得た結論であり、持論である。もし、バブル経済のときを含めて、景気が良いときに思い切った改革をしていれば、今日ほどの痛みは生じなかったはずである。

小泉純一郎首相は、「改革、成長」を政策のスローガンに挙げてきた。しかし、景気はすぐに良くなるものではない。もちろん、改革すれば行政コストが下がり、さまざまな手続きがスピード化されるため、将来、景気が良くなることは間違いない。ただ、それは将来の話である。

例えば、特殊法人改革にしても、そこには働いている職員がいる。民営化するにしろ、リストラするにしろ、一時的に失業者が増えることが予想される。失業者が増えれば、景気は良くならない。

小泉氏が総理大臣に就任した二〇〇一年（平成十三年）、日経平均株価は一万三千九百円、株式の時価総額は、三百八十兆円だった。それが二年経った二〇〇三年（平成十五年）、日経平均株価は八千円を割り、市場全体の時価総額は二百二十兆円となった。土地や株が下がり、国民の資産が百数十兆円も減ったのだから、景気が悪くなるのは当然であった。

そこで、小泉首相は、年間の新規国債発行額を三十兆円に抑えると公言した。だが、結果は抑えることができなかった。

幸いこの時期、ITとIT関連産業が成長し始め、ネットビジネスも軌道に乗ってきた。工場も機械も店もいらないネットビジネスが、どんどん伸びていったのだ。大手企業も、思い切って社員をリストラし、銀行や証券会社も社員の給料を下げた。そして、一時間千円程度の賃金で、年間二千時間雇っても、年俸が二百万円ほどで抑えられるパートタイマーの登用を増やしていった。この結果、大手企業の業績は回復したのである。

外資は、小泉氏が首相に就任した二〇〇一年(平成十三年)からの三年間、日本企業の株式をあまり買わなかったが、二〇〇四年(平成十六年)、株価が底を打ったのを機に、買いに転じた。株価の上昇を見計らって、日本企業の株を買うようになったのだ。外資が買うようになると、日本の個人投資家も株を買うようになった。

その結果、二〇〇五年(平成十七年)のたった一年で、株式時価総額が二百兆円も上昇した。日本市場の投資額全体のなかで、外国の投資家は四〇%を占めるが、日本の個人投資家も全体の二〇から二五%程度の株式を保有しているから、四十兆円から五十兆円程度、国民の金融資産が殖えたことになる。東京を中心に景気は回復し、帝国ホテルや銀座の三越にもにぎわいが戻ってきた。

これが、小泉内閣発足後、日本経済のたどってきた大まかな道筋である。たった数年で、世の中はこれだけ変わったのだ。

日本経済が復活してきた今こそ、国も企業もやるべき改革を成し遂げなければならない。

「二極化」の日本にどう立ち向かっていくか――

小泉内閣の改革のひとつである「三位一体改革」が実施されれば、当面の反動として、地域間の経済格差は拡大していくと思う。

例えば、人件費の安さにひかれて、製造業者は中国へ拠点を移していった。すると、香川県の名産である手袋、愛媛県今治の名産・タオルといった、国内の産業が中国製品との価格競争に負けて衰退していった。

こうして、中国は世界の生産基地化という様相を呈してゆき、日本の産業は空洞化するといわれたものである。しかし、三重県のように、シャープが液晶事業を中心に大型投資をしたり、キヤノンが大分県に多額の投資をするなど、日本企業が新たな飛躍を求めて、設備投資を国内に回帰させるなどの動きも出てきた。

デジタルカメラや薄型テレビなど最先端製品の製造拠点は、今や、日本のほうが有利という指摘もある。日本は、産業のすそ野が広く、部品の調達も途上国などに比べて有利だからである。

いずれにせよ、地方でこのような工場進出や設備投資のある地域はいい。当然、税収も増えてくることとなる。また、そこで働く社員から徴収する市民税も入ってくる。こうなれば、この地域はますます発展していく。

しかし、こういった大手メーカーの生産工場などがなく、税収に窮する地方はますます疲弊し、東京などの大都市と地方という二極化現象を迎えるようになった。

そうしたところに、小泉内閣の三位一体改革が始まったのである。地方に自主財源を与えるかわりに、国から地方へ流れる地方交付税の給付をなくし、補助金を削減するという改革である。

日本はこれまで、地方財源は、国からの財源給付に依存するという形でやってきた。つまり、中央（国）が税金などの形でいったん財政資金を吸い上げ、それを地方に再配分する仕組みである。

「国から地方へ」——という掛け声で、この三位一体改革（自主財源の確立、地方交付税・補助金の削減）が始まったのだが、改革にはひずみがつきまとう。

四国のように、新たな企業の進出も、新たな産業もなく、高齢者が増えていくような地域は、財政が悪くなるのは目に見えている。そのバランスをどう取るか。これが政治の責任である。

三位一体改革については、もう一つ思うことがある。地方はこれまで、田中角栄内閣が提唱してきた「列島改造論」によって、公共事業を行い借金を増やしていった。それが小泉内閣になって急に、地方は地方で自立してやりなさいというのは、酷なことではないか、と思うのだ。

もちろん、地方が自立することは重要なことである。だが、地方の状況は地方にいないとわからない。地方のおかれた状況をきちんと把握したうえで、政策を吟味して考えてほしいというのが、地方に住む一市民としてのわたしの思いである。これは、わたしだけでなく、多くの市民が感じていることだろう。

地元民の思いが、地域振興を成功させる

日本経済にも明るさが見られ、株式上場企業の業績も好調で増収基調である。しかし、日本全体が上昇気流に乗っているわけではない。わたしは、日本商工会議所の政策委員会副委員長を務めていることもあり、加ト吉のある香川県と東京を行き来していて、強

く感じることがある。

それは、東京は景気がよく、発展しているが、地方はそうではないし、大企業と中小企業との間には大きな格差がある、ということである。

四国四県の人口は四百十万人で、国に一兆一千億円の税金を納めている。これに対し、交付税や補助金、国の事業など、二兆円以上の金が国から四国に入ってきている。しかし、二兆円あっても、地方経済は苦しいのが現状だ。

東京都の麹町税務署は、三兆数千億円の税収がある。四国四県の税収と比べても、東京と地方の格差の大きさがわかるだろう。

担税力のある企業数や企業規模の違いが、税収に反映するからである。

地方の税収問題は、固定資産税という形で、中小企業を苦しめることにもなっている。東京にいたら、家賃収入も見込めるが、地方ではそうはいかない。この差が、大きな問題であると、わたしは常々感じている。

また、国民の金融資産は、千五百兆円あり、一九四七年（昭和二十二年）から一九四九年（昭和二十四年）に生まれた団塊世代は、七百万人いるといわれる。この団塊世代が二〇〇七年（平成十九年）に定年退職を迎えると、その退職金の総額は、推定八十兆円になるといわれている。この八十兆円を狙い、資産運用にも注目が集まっている。

受給年金も四十三兆円あるといわれるが、そのうち十数兆円が預金にまわっている。これは年金にしても、医療費にしても、将来に対する不安要素が多いから貯金にまわるお金が増えている、ということである。

しかし、死ぬまで年金を受給するのであれば、貯金をせずに、すべて使うべきだと、わたしは思う。十数兆円が消費にまわれば、五十兆円の産業を生む。日本の将来のためにも、必要なことであると思うのだ。そのためにも、国民の不安を払拭する政策を政府にとっていただきたい、と感じている。

このように、国民の金融資産は千五百兆円、団塊世代の退職金は八十兆円、年金は四十三兆円ある。前にも述べたとおり、衣食住の物価は低くなった。生活そのものには、それほど金は必要ないのだ。そうすると、欧米並みに三次産業の、楽しむ、喜ぶ、感動するといったエンターテインメント産業が伸びていかなくてはいけない。

四国の三位一体シミュレーション

では、四国を含む地方は、三位一体改革について、どう取り組んでいけばいいのか。三位一体改革が行われると、財政における歳入も歳出も、すべて自分たちで考えていかなければいけない。国から来る財源も減るが、そのかわり、国へ持っていく金も少なくてすむ。

四国四県の人口は、合計四百十万人になる。また、消費税も含め、国税として、一兆一千億円を国に納めているのだが、一方で、国から受け取る交付税や補助金、国の事業などは、二兆円である。つまり、交付税や補助金の半分の税金しか納めてない。逆にいえば、納税額の倍の金を、国から受け取っている、ということになる。良いか悪いか、という議論は別として、現状はそうなっている。

この状況のまま、三位一体改革を導入した場合、四国はどういった財源を確保できるのか。そういった基本的な枠組みをおさえないまま、改革を進めることに、四国の人間は不安を抱いている。

東京は多くの企業に恵まれ、財源が抱負にある。麹町税務署だけでも年間三兆数千億円の税金が入ってくる。東京では、税金が一兆円以上入ってくる税務署が七つある。しかし、前述のとおり、四国は四県合わせて一兆一千億円の税収しかない。今までは、この格差を交付税と補助金という形で、バランスをとってきた。

だが、今の三位一体改革議論は、この首都圏と地方の格差を考慮せず、進められている。

金利を上げて、国民に還元すべき

自治体だけでなく、所得の二極化も問題になっている。規制を緩和し、努力する人が報われる世の中にしようという一連の改革だが、所得の高い人と、そうでない人との格差が生じてきたともいわれる。そして、リストラされて失業した人たちに、次の仕事があるかというと、十分にはない、というのが現状だ。

国民全体が、等しく豊かになる方策はないものか。そういう観点からすると、ここ数年続いてきた金融のゼロ金利を解消し、早く金利のつく経済にすべきだ、という議論も出てきた。

いま銀行に貯金をしても、金利はないに等しい。十年前は六％あった金利が、いまは、わずか〇・〇三％程度（二〇〇六年四月末現在）しかないのだ。

海外の平均金利は、三、四％はある。日本の個人の金融資産は、千五百兆円に達するといわれる。仮に、金利を二％として計算したら、国民に約三十兆円の金利が入ることになる。この三十兆円のいくらかでも消費に回れば、自然と景気はよくなるし、デフレ（資産価格の下落）も止まるだろう。

にもかかわらず、依然として、ほぼゼロ金利状態というのが現実だ。この状態で、経済がよくなった、といわれることに、わたしは違和感を覚えている。

例えば、旧観音寺市は、人口四万六千人、二千五百の農家があった。千町歩で、十一億五千万円の米ができるのだが、経費などを引いていくと、六億円ほどしか残らない。そして、二千五百の農家が、観音寺の農協に七百五十億円の預金をしている。その全預金に、一％の金利がついたら、稲作から得られる所得以上の金額になる。

頑張って米をつくるより、農協に金を預けるほうがいいのだ。だが、これもおかしな話であるし、日本の農業の構造改革をしなければいけない部分だが、たった一％でも金利が上がると、これだけ国民に還る金額は大きい、ということなのだ。

これまで、銀行の不良債権処理を優先させた金融政策が取られてきたが、今や、統廃合などを経て、銀行の業績は好調となった。これからは、個人消費の本格的な回復を促すためにも金利を上げることが、今、必要なことであると思う。

四国四県と中国五県をひとつに

わたしは、観音寺市長時代から、市町村の合併を訴えてきた。今から、二十五年以上前のことである。当時は、まったく相手にされなかったが、今になって、ようやく実現するようになった。コスト削減という面からみても、大変喜ばしいことだと思っている。市町村合併においては、わたしの考えと、それが実際に行われるようになるまでに、二十年以上の開きがあった。三位一体改革も、今後どういった経緯をたどるのだろうか。現段階では、どうなるかわからないが、わたしは、三位一体改革が行われれば、地方はますます衰退するところもあると考えている。もちろん、地方によっては、シャープの工場のある三重県など、企業活動によって税収が増加しているところもある。

しかし、そういった税収源となるような企業のない県はたくさんある。それらの県は、どうすればいいのか。その点をきちんと議論していかなくてはいけない。

四国の人に叱られるかもしれないが、わたしは、四国四県だけで道州制を導入するのは難しいと思っている。中国の岡山、広島、山口、鳥取、島根と四国の四県をひとつにしても、人口は、九州の八割から九割程度にしかならない。人口千二、三百万の九州に近づくためには、四国四県と中国五県を二つの州にしてしまっては、規模的にみても弱い。やるのなら、思い切った手を打っていかなくては、中途半端に終わってしまう。

例えば、九県をひとつにすれば、瀬戸大橋も、しまなみ海道も、鳴門大橋も、同じ州内の橋になる。すると、通行料の値下げも可能になるし、通行料が安くなれば、観光も発展する。数県だけでやるのではなく、いくつかの県がひとつになれば、三位一体改革の成果も出てくるだろう。わたしは、そう思っている。

だが、現在は、そういった将来の構想も、議論もされないまま、「改革」という言葉が一人歩きしている気がしてならない。

財政が苦しくなっても、地方も自立していかなければいけない。日本は高齢化社会に突入したが、東京の十数%に比べ、四国は、六十五歳以上の人口が全体の二十数%を占めている。つまり、行政の資金が東京以上に必要な状況なのだ。こういった現状を踏まえた行政をせず、先の見えない段階で決定だけするのは、本当の改革とはいえない。本当の改革をするならば、国民にもっとわかりやすく、きちんとした将来図を描き、説明し、議論をしたうえで、進めていくべきだろう。

世の中は、平等にはできていない。それを、ある程度バランスを取って、うまくまとめていくのが政治の役割であると、わたしは考えている。しかし、小泉首相は、そのバランスを崩そうとしている。地方の自立は、勝ち組、負け組の論理で、単純に片付けられる問題ではない。バランスが崩れて格差が大きな社会になれば、日本はどんな社会になるか。国民は、それをきちんと理解しているのだろうか。

人の心をつくるのは、環境である。環境の影響は実に大きい。そして、その環境は、上に立つ人間がつくっていく。だからこそ、リーダーの責任は大きいのである。首都圏で政治活動を行っている人は、数年、地方政治に携わって現状を理解していただきたいとも思う。

これまでは、弱いところも強いところも、全国的に、ある程度バランスが取れていたのは、総理大臣が地方出身者であったからではないだろうか。神奈川県横須賀市出身の小泉首相には、地方の実態はわからない。

経済力、財政力の弱い地方を国が助けてやっているのだ――。地方の人たちは、中央政府関係者の発言から、どうしてもそういう印象を受けてしまう。

消費税アップは不可避だが、国民の生活を考慮したものにすべき

日本の財政を数字でとらえれば、国と地方合わせて、七百兆円以上の借金がある。〇六年度当初予算で国債発行高は初めて三十兆円を割った。

これ以上、国や地方の借金を増やすことはできない。では、財政改革を進める財源をどこへ求めるべきか。すでにヨーロッパでは、二〇%近い消費税を取っているところもある。

しかし、生活するためにどうしても必要な食料品、また国によっては、こども服など

については、消費税を低く設定しているところもある。

例えば、英国は、消費税は一七・五％だが、食料品とこども服は、消費税がかからない。また、フランスの消費税は一九・六％だが、医薬品や食品は五・五％。ドイツ、イタリア、オーストリアなども同様に、税率を分けて設定している。アメリカも税制は違うが、食料品は安くしているところが多い。

やはり日本でも、消費税の引き上げは、避けられないと思われる。財政状況は、それだけ逼迫《ひっぱく》しているのだ。いずれ上げなければならないのだから、わたしは早く上げるほうがいいと思っている。早く導入した分だけ、財政改革にも早く着手できるからだ。

わたしは、市長をしているときから、財源は天から降ってくるものではない、と主張してきた。自分たちの生活のために、自ら税を納め、負担していかなくてはいけない。

また、わたしが消費税の引き上げを容認しているのは、もう一つ理由がある。

この十年間で、物価は二〇％以上、下がっている。物価が下がっているのだから、消費税が引き上げされても、消費者が商品に対して支払う金額は、それほど上がらない。

ただし、景気が悪く、収入が下がっている人もいる。そういったことを考慮すると、負担は増えるが、生きていくために必要な食料品や衣類などは特別な率に設定する、ということが必要だろう。そうした目配り、気配りが必要である。

国にしても、企業にしても、個人にしても、常に危機感を持っていたら、反対ばかりはできない。これだけ借金をしているのだから、それを解決するためには何をすべきか。それを考えることが重要だ。

財政問題を解決できるのは、消費税しかない、とわたしは考えている。ただ、消費税アップに関しては、国民の生活を考慮した形にすべきであり、その説明を十分にすることが大事だということは、今まで述べてきたとおりである。

ゴルフ場を空港にすれば、利便性も向上する

二〇〇六年（平成十八年）二月に、関西空港と伊丹空港を持つ関西エリアに、もう一つ、神戸空港が開港した。初年度は、一日二十七便あるという。わたしは、神戸空港の建設に反対はしないが、疑問に思うところがある。

人口二十五万人の石川県の能登にも、空港がつくられた。だが、埼玉、栃木、群馬といった北関東三県は、人口千百万なのに、空港が一つもない。その一方で、四国は人口四百十万なのに、四つの空港がある。このちぐはぐな状況は、一体何を意味しているのか。

今、日本で水産物の水揚げ金額が最も高いのは、成田空港である。もし北関東に空港があったら、中国にしろ、韓国にしろ、海外から水産物を持ってくるより、コストも時間も節約できる。

また、北関東三県にはゴルフ場が二百近くあるという。香川県の高松空港は、ゴルフ場を整地して空港にした。北関東でも、インターチェンジに近いところのゴルフ場を空港にしたら、成田空港まで三時間、羽田空港までも三時間かからず行けるようになるだろう。なのに、なぜ北関東には空港をつくらないのか。

空港は、どの地域においても十年程度はつくらない、というのなら理解できる。しかし、神戸、能登と、できる所には次々と空港ができている。わたしは、公共投資が悪いとは思わない。それよりも、それによって行政効果があげられるか否か、ということが問われていると思う。

「時は金なり」ではないが、わたしは、「一時間一万円」というコスト意識を持っている。三時間もかけて羽田や成田へ行かなくとも、一時間以内で行ける場所に空港があれば、非常に効率がいい。会社員も、出張の移動時間が減って、助かるはずである。わたしは、観音寺から瀬戸大橋をとおり岡山空港へ行って、そこから上海へ向かう。観音寺の自宅から上海まで、三時間もあれば到着する。つまり、三時間あれば海外に行けるわけだ。

それを三時間もかけて羽田へ行き、そこから国際線で数時間かけて移動するのは、なんともおかしな話である。スピードとの戦いである現代社会に、この非効率な状況に目が向けられないのもおかしな話だと思う。

空港の問題は、他にもある。日本はハブ空港の機能を、韓国の仁川《インチョン》空港に取られてしまった。海の港のハブ機能に関しても、韓国の釜山《プサン》港に取られ、釜山港を利用する船舶数は、神戸港や横浜港より多くなっている。

これらの問題は、ハブ空港や港湾の整備という点で、すでに日本はアジアの主要都市と比べて敗退しつつある、ということである。空港にしても、港にしても、もっとグローバルな視点で、アジアとの関係を考えなくてはいけない。

空港のように、利便性や採算性をしっかり考慮せずに建設してしまうのは、自分の金ではなく、政府の金だから、という自己責任の低さが根底にあるともいえるだろう。

新渡戸稲造博士と武士道の精神

『国家の品格』（藤原正彦著）という著作が、国民の間で大変話題になっている。国のあり方、企業経営の進むべき道、そして人の生き方について、座標軸がくずれおちた今、国民の各層の間で、もう一度、自分たちの生き方を見直そう、という気運が盛り上がっている。

戦後六十年、日本は目覚ましい経済成長を遂げた。一人ひとりの生活も豊かになり、欧米のブランド品を手にする若い人たちまで出てきている。しかし、繁栄の裏には、影もある。

働くこともせず、研修にも就かないニートという若者たちが増えている。所得の格差も開いている。経済全体の動きを見ても、東京など大都市と地方との格差が開いていく傾向がある。こうした格差をいかに少なくしていくかについては、国家的なマクロ政策も必要である。だが、それだけでは不十分でもある。やはり、国民の一人ひとりが、いかに自立（自律）の精神をもって生きていくか、ということに尽きるだろう。

欧米には、社会学者のマックス・ウェーバーが指摘したように、『プロテスタンティズムの倫理とキリスト教精神』という風土があり、それが産業社会を支えている。

一方、日本には、『武士道』があり、誠実、勤勉、そして、他者への思いやり（惻陰《そくいん》の情）などの倫理規範があり、それが人のあるべき生き方として定着してきている。

戦後六十年を経て、そうした価値観や倫理規範が揺らぎ、小学校での殺傷、乳幼児の虐待、親殺し、子殺し、年間の自殺者が三万人にのぼるなど、世相の乱れも出てきている。しかし、日本人の考え方の根本には、連綿として、武士道精神が流れていると思う。その『武士道』を英文で記し、日本人の精神構造を世界に示したのが、新渡戸稲造博士だった。

新渡戸博士が説く武士道の規範とは、キリスト教と同じように、勤労を説き、社会に貢献するなど、人の進むべき道であり、世界に普遍的な価値観であった。『武士道』は、札幌農学校（現・北海道大学）で学び、クラーク博士の教えを汲む、クリスチャン・新渡戸博士が、心血を注いで著した著作である。

新渡戸博士は戦前、国際連盟（本拠・スイス・ジュネーブ）の活動推進に貢献し、米国、欧州、そしてアジア各地の人たちから尊敬を集めた国際人でもある。国際的教育者としても活動し、東京女子大学の学長、拓殖大学の学監（現在の学長）なども務めた。文字通り世界平和実現のために奔走した人であった。

一九四五年（昭和二十年）の敗戦で、日本の価値観は大きく変わった。憲法の基本精神である戦争放棄（平和主義）、基本的人権の尊重、国民主権の三つの基本的な考え方は、普遍的なものであり、今後も生き続けるだろう。

一方で、自らの権利ばかりを主張し、社会の一員のとしての義務を果たすという考え方がうすくなってきてはいまいか。かつて、一九六〇年代、米国のジョン・F・ケネディ大統領は、米国の若者にこう呼びかけた。
「国家に何かを期待するのではなく、君たち若者が国家にどんな貢献ができるのかを考えよう」と。

理想主義に燃えた若き大統領の呼びかけは、世界中の人々の心を揺り動かした。

二十一世紀に入った今、日本も、もう一度、自らのアイデンティティ（基本軸）をとり戻し、尊敬される国づくり、人々が助け合う郷土づくりを進めなくてはいけない。その場合、自立の精神が必要なことはいうまでもない。

国際社会の現実は厳しい。そういう状況のもと、国家に甘え、誰かに甘えるという生き方は、もはや通用しない。折しも、藤原正彦氏（お茶の水大学教授）が著した『国家の品格』が広く読まれている。このことは、多くの日本の国民が日本の現状に危機感を持っていることの表れではないだろうか。

いずれにせよ、仏教、武士道の教えに関する著書が、これほど多く読まれる時代になったということは、戦後六十年を経て、今一度、自分たちの生き方を見直そうということであり、歓迎すべきことである。

仏教の神髄は、慈悲の心、他者を思いやる心であり、世界の人たちとの共存・共栄であり、これを求める心である。

武士道の神髄とは、自らを磨き、心身ともに鍛錬《たんれん》し、使命感、責任感、惻隠の情を育てるところにある。そういった、世界に普遍的な意志を追いかけるときがきたのではないか。

努力は必ず報われる

わたしは四十年程前に、初めて英国へ行った。すでに「大英帝国」の栄華は過去のものとなっていたが、それでも英国の国民の平均所得は日本の約二・五倍で、英国の豊かさに感心した。だが、国が豊かになると、国民に対するサービスが増加する。それは半面、国民の国家への依存を助長する。わたしは、英国の将来性に疑問を抱いたものである。

その後、英国は徐々に国力を失った。今日の日本を見ると、かつて「英国病」に悩んだ英国と、多くの共通点があることに、わたしは不安を覚えている。その英国は、一九八〇年代のサッチャー首相の改革で経済も強くなってきた。

日本の場合、若者が無気力になってしまう原因は、将来に対する希望を見いだせない、そういう社会になってしまった、といったこともある。

しかし、だからといって内に閉じこもってしまっては、活路はない。頑張れば報われる、努力すれば報われる社会というものを、国を挙げてつくり上げていかなければいけない。わたしは、そう感じている。人は、環境によって変化するものであるから、国がそうした環境整備をすべきである、と思うのだ。

わたしは、中学までしか通うことができなかったが、努力は必ず報われると信じて、ここまできた。そして、経験を通じ、やはりその通りであったと感じている。これからも、この精神で進んでいくつもりである。

食品業界も、少子高齢化で、国内は飽食状態にあるといえる。国内は、付加価値のある商品で勝負していくが、これからは、新しい市場を開拓すべく、海外事業にも注力していく。

われわれは、中国に十の工場を持っているが、現在は、中国で製造した商品を、主に日本市場で販売している。今後は中国本土で製造し、販売していく体制を強化していく。われわれだけでやるのではなく、中国の優秀な企業や人々と提携して、事業を広げる計画である。

こうして、社員に進むべき道を示し、努力すれば報われる環境を整え、加卜吉は、グループ一体となって邁進していきたいと思う。

エピローグ

瀬戸内の海から世界の海へ

会社というものは、五十年経とうと百年経とうと、常に時代の変化に挑戦する姿勢をもたなければいけない。その意味で、わたしは常に「加ト吉は、青春企業でなければいけない」と言っている。

青春とは、時代の流れに敏感に反応し、これから伸びていくものと、どう関わり合いを持っていくか、その感度が高くなければいけない、ということである。

思えば、わたしは二十歳のときに「加ト吉」を創業した。そして、時代と共に、世の中が変わり、事業も変化し、変わっていかざるを得ないということを、身をもって体験してきた。

そして、二〇〇六年（平成十八年）九月で、「加ト吉」は満五十年という歳月を迎える。この間わたしは、自分の人生の航路を著作にまとめてきた。

経営についての考え方は、その時代の影響を受ける。人生の区切りにおいて、わたしはその時代の考え方を本にまとめてきたのである。

創業二十年の一九七六年（昭和五十一年）『**経営を語る**』（日刊工業新聞社刊）を世に出したのを皮切りに、創業二十五年の一九八一年（昭和五十六年）には『**人に始まり人**

に終わる』（第一法規出版刊）を刊行した。

そして、創業三十二年目を迎える一九八七年（昭和六十二年）には会社も大きくなり、「加ト吉」の知名度も高くなった。こういうときこそ、創業の原点に返ろうと、**『ゼロからの発想』**（講談社刊）を刊行した。

「ヒト、モノ、カネ」すべての経営資源でさしたる資産もなく、わたしはゼロから出発し、文字どおり裸一貫で事業を興した。自分の原点を見つめ直し、次の飛躍を図ろう――というときであった。

創業三十五年の一九九一年（平成三年）には、**『後ろ姿で学んだチャレンジ経営』**（講談社刊）をまとめた。人は一生働くものである。わたしは働くことの尊さを、幼少時、母の後ろ姿を見て学んだ。九歳のとき、一家の大黒柱である父親を戦争で失い、わたしたち三人のこどもを養い、教育させるため、母は朝早くから夜遅くまで働き続けたのだ。

わたしが前向きに人生を歩み、その時代時代で、新しい課題に積極的に取り組んでこられたのも、母親の懸命に働く姿を目の当たりにしてきたからである。

そして、瀬戸内の海からは、尊い海の幸を得るとともに、自然の厳しさ、怖さをも学ばせてもらった。新しい発想をもって、新しい事業にチャレンジしていかなければならないことを学んだのも、瀬戸内の自然に接して得た人生の摂理である。

エビの輸入は一九七〇年代からしていたが、一九九〇年代からは、水産高の加工工場を東南アジアや中国などで行うようになり、「加ト吉」はグローバル経営に乗り出していった。

隣国の中国にも、山東半島をはじめ、生産拠点を構え、日中友好の精神を基本に創造経営を心掛けてきた。

わたしが裸一貫から出発し、今日の「加ト吉」をつくりあげたことを、中国の人たちも好感をもって迎えいれてくれた。二十数年前、厳しい生活環境の中を気丈に生きていく『おしん』というテレビドラマが日本で人気を呼び、それが中国でも放映され、中国の一般国民の間でも大変な話題を呼んだ。

そうした中で、わたしは「男おしん」と中国の人たちに言われるようになり、威海市をはじめ、名誉市民の栄誉をわたしは頂戴した。

そういう縁もあってか、わたしの人生観・経営観を出版したい、と中国の関係者からいわれ、まとめたのが中国語訳の『**挑戦性経営**』（一九九三年／平成五年、大連管理幹部学院）である。

そして、創業四十年の一九九六年（平成八年）には、『**変革への挑戦**』（プレジデント社刊）を刊行した。日本では、〃失われた十年〃といわれた一九九〇年代は、バブル崩壊後、金融の不良債権やデフレ問題があって、日本の産業界は苦しい局面にあった。

それこそ発想を変えなければ生きていけないわけで、高度経済成長時代の枠組みが、次々と崩れていく中、政府も、企業も、そして個人も、自らを変革させなければならないときであった。

創業四十年を迎えた頃は、まさに「変革」がキーワードであった。

創業四十五年の二〇〇一年（平成十三年）の頃は、デフレ経済真っ只中。ＩＴバブルも崩壊し、マクロ的には厳しい環境にあった。その中で、「加ト吉」は順調に業績を伸ばすことができた。

これも、常に創造の精神で、新しい仕事に挑戦し、未知の領域を開拓してきたからだと思っている。二〇〇一年（平成十三年）に発刊した本を**『がんばれば、ここまでやれる』**（経済界刊）というタイトルにしたのも、こうした国内の状況を反映させてのことである。その翌年には、中国語訳の**『走向成功之路』**（青島海洋大学出版社刊）も中国で出版された。

中国の人たちにも、こうして経営のあり方や経営上の悩み、課題を理解してもらい、共有してもらうことこそ、また日中友好の礎の一端を担うことになると思っている。

日中両国は、お互い引っ越しのできない関係にあり、相互理解を進めて共存共栄の関係を築き上げていかなくてはならない。

今年（二〇〇六年）春の叙勲に際し、旭日中綬章を受章させて頂いた。今回の受章は、食品業界、とりわけ冷凍食品産業に関係される多くの方々、そして故郷のみなさまのご支援の賜物と、心より感謝している。

経済のグローバル化の中にあって、加ト吉は創業五十周年を迎えた。加ト吉はこれからも、常に挑戦し続ける青春企業として、業界の発展と我が国の食文化の向上、そして地域振興のために邁進していく。

二〇〇六年春

加ト吉
代表取締役社長　加藤義和

エピローグ

【受賞】

一九七四年（昭和四十九）　五月三十日　全国市議会議長会表彰（市議会議長功労）
一九八六年（昭和六十一）　六月四日　全国市長会表彰（永年勤続功労）
一九九三年（平成五）　十月三十日　紺綬褒章
一九九三年（平成五）　十一月十日　国土庁長官表彰（離島振興功労）
一九九六年（平成八）　五月三日　香川県知事表彰（自治功労）
一九九六年（平成八）　十一月十四日　中小企業庁長官表彰（中小企業振興功労）
一九九七年（平成九）　十一月三日　藍綬褒章
一九九九年（平成十一）　十一月三日　中国山東省威海市栄誉市民
二〇〇〇年（平成十二）　七月二十七日　中国山東省青島即墨市栄誉市民
二〇〇〇年（平成十二）　十一月二十七日　農林水産大臣賞（食品産業振興発展功労）
二〇〇一年（平成十三）　十一月二十九日　経済産業大臣表彰（中小企業振興功労）
二〇〇二年（平成十四）　八月二十八日　中国山東省高密市栄誉市民
二〇〇三年（平成十五）　五月二十八日　中国浙江省舟山市栄誉市民
二〇〇五年（平成十七）　三月二十六日　観音寺市名誉市民
二〇〇六年（平成十八）　四月二十九日　旭日中綬章

［著者略歴］
加藤義和（かとう・よしかず）
加ト吉社長
1936年香川県観音寺市生まれ。中学卒業後、家業の水産加工業を継ぎ、1956年加ト吉水産（現・加ト吉）を設立。1962年冷凍エビフライの販売を開始し、総合冷凍食品企業としての道を歩み始める。1967年観音寺市議会議員となったのを始め、1972年には観音寺青年会議所理事長、1973年には観音寺市議会議長、1975年には観音寺市長（4期16年務める）となる。現在、加ト吉グループ30社の会長のほか、2001年からは観音寺商工会議所会頭なども務める。

海に学んだ青春経営　有言即行の50年

2006年 5 月25日　第 1 版第 1 刷発行

著　者　加藤義和

発行者　村田博文
発行所　株式会社財界研究所
［住所］〒100-0014東京都千代田区永田町2-14-3赤坂東急ビル11階
［電話］03-3581-6771
［ファクス］03-3581-6777
【関西支社】
［住所］〒530-0047大阪府大阪市北区西天満4-4-12近藤ビル
［電話］06-6364-5930
［ファクス］06-6364-2357
［郵便振替］0018-3-171789
［URL］http://www.zaikai.jp/

装幀・本文デザイン　Klüg
印刷・製本　凸版印刷株式会社

ISBN 4-87932-049-8
定価表示はカバーに印刷してあります。